Anleitung zum Frischhalten der Lebensmittel

Bearbeitet und herausgegeben im Auftrage des Oberkommandos der Wehrmacht

von

Dr.-Ing. habil. Rudolf Heiss

Direktor des Instituts für Lebensmittelforschung München
(Forschungsstelle der Wehrmacht in Verbindung mit der Lebensmittel- und der Verpackungsindustrie e. V.)

Mit 10 Abbildungen

Springer-Verlag · Berlin · 1942

ISBN-13: 978-3-642-89821-1 e-ISBN-13: 978-3-642-91678-6
DOI: 10.1007/978-3-642-91678-6

Herrn Generalstabsintendant
Geheimen Regierungsrat
E. Pieszczek
Amtsgruppenchef im Oberkommando
des Heeres
in Verehrung zugeeignet

Geleitwort.

Die hier vorgelegte Anleitung zum Frischhalten der Lebensmittel ist der vom Oberkommando des Heeres empfohlene Leitfaden für die Verpflegungsbeamten, den sie bei der Pflege der ihnen anvertrauten großen Vorräte befolgen sollen. Durch diese Zweckbestimmung ist er auch für die Privatwirtschaft, die diese Lager zu beliefern hat, von größtem Wert. Insbesondere enthalten die mitgeteilten Beobachtungen über Verpackung und Haltbarkeit eine große Zahl praktischer Winke, die je nach dem Zweck, dem die Lieferungen dienen sollen, genutzt werden können. Das Buch gehört in die Hand jedes Herstellers von Lebensmitteln für die Wehrmacht. Aber auch der Lebensmittelhandel wird für seine gesamte Arbeit sowohl bei der Warenbewegung wie bei der Lagerung Nutzen aus den Beobachtungen und Anregungen des Verfassers ziehen können. Heeresverwaltung und Privatwirtschaft müssen in enger Zusammenarbeit die Verpflegung des deutschen Soldaten so gut wie nur irgend möglich gestalten.

THEUNERT
Leiter der Wirtschaftsgruppe
Lebensmittelindustrie.

Vorwort.

Die Parole „Kampf dem Verderb“ hat in den letzten Jahren insofern viel Nutzen gestiftet, als sie an die Verpflichtung des einzelnen appellierte, mit allen Kräften an der Vermeidung jedes Verlustes durch ungeeignete Behandlung und Lagerung mitzuarbeiten. Dies ist bei der Knappheit an Lebensmitteln im Krieg wichtiger denn je.

Die Möglichkeit, in der Richtung dieser Bestrebungen einen weiteren entscheidenden Schritt vorwärts zu kommen, scheitert erfahrungsgemäß jedoch daran, daß die Hauptschädigungen, denen die einzelnen Lebensmittel unterliegen sowie die günstigsten Lagerbedingungen und die erzielbare Haltbarkeit in weiten Kreisen unbekannt sind. Dabei ist noch zu berücksichtigen, daß der Verderb bereits einen Grenzfall vorstellt und daß zwischen einem frischen und einem noch eben nicht verdorbenen Lebensmittel noch ein weites Feld liegt. Soll aber nicht nur der Verderb vermieden werden, sondern sind möglichst alle Eigenschaften eines Lebensmittels, welche dessen Ausgangsqualität charakterisieren, zu erhalten, dann läßt sich diese Aufgabe ohne eine Anleitung für alle diejenigen, welche diese Lebensmittel auf ihrem Weg von der Erzeugung bis zum Verbrauch in die Hand bekommen, nicht lösen. Auf diesem weitverzweigten Gebiet erscheint die Verbreitung gesicherter Erfahrungen deshalb als nicht weniger wichtige Aufgabe, als die Erforschung neuer Erkenntnisse.

Der Abfassung einer Anleitung über die Qualitätserhaltung lagernder Lebensmittel stellte sich hemmend die große Weite und Vielfalt des Gebietes sowie auch die Schwierigkeit entgegen, daß die Lagerveränderungen einer Reihe von Lebensmittel nur jeweils einem engen Kreis langjähriger Praktiker bekannt sind, und daß bei der Mehrzahl der Lebensmittel die wissenschaftliche Erforschung der günstigsten Lagerbedingungen noch im Anfangsstadium steht. Eine erschöpfende Behandlung des Gebietes wäre deshalb im Augenblick verfrüht. Die vorliegende Schrift möchte deshalb für sich nur in Anspruch nehmen, einen ersten Versuch darzustellen, das Bekannte, soweit es erfaßbar war, unter Berücksichtigung neuester Forschungsergebnisse kritisch zusammenzufassen, das Wesentliche herauszuschälen und der Allgemeinheit zuzuleiten sowie zu weiterer Entwicklungsarbeit anzuregen. Sie ist vor allem für Großverteiler und -verbraucher gedacht — in erster Linie für Verpflegungsämter der Wehrmachtsteile[1] — aber auch der Kleinverteiler

---

[1] Neunzigtausend Exemplare dieser Schrift wurden vom Oberkommando der Wehrmacht als Richtlinie für Verpflegungsbeamte ausgegeben.

und -verbraucher — auch die Hausfrau — wird mit ihrer Hilfe Verluste vermeiden können. An der Gestaltung vieler Abschnitte waren bekannte Herstellungsbetriebe für verderbliche Lebensmittel, die Wehrkreisverwaltungen sowie einzelne Hauptvereinigungen und Reichsstellen maßgebend beteiligt. Diesen Stellen, die wegen ihrer Vielzahl einzeln nicht aufgeführt werden können, sei für ihre verständnisvolle Mitarbeit herzlich gedankt.

Die in der Schrift gemachten Angaben werden durch Forschungsarbeiten laufend vervollständigt. Ergänzende Beobachtungen sind dem Bearbeiter jederzeit dankbar willkommen.

Berlin, 21. November 1941.

R. Heiss.

Inhaltsverzeichnis.

Grundlagen der Vorratstechnik.

Der ernährungsphysiologische Wert der Lebensmittel hängt ab:

1. Von der Sorgfalt der Herstellung (Vermeidung von zu hohen Temperaturen bei der Trocknung von Gemüse, von Käsefehlern, Backfehlern bei Brot, Infektionen bei Dosenkonserven und dgl.) sowie vom Zustand bei der Anlieferung (Schädlichkeit der Vorlagerung vor dem Frischhaltungsverfahren bzw. vor dem Verbrauch bei Butter, Obst, Fleisch und dgl.). Dabei ist zu bedenken, daß zur Ernährung des Menschen nicht nur die eigentlichen Nährstoffe, sondern auch Wirkstoffe zur Regelung des Stoffwechsels und Anregungsmittel zur Steigerung des Wohlbefindens gehören.

2. Von der Einhaltung der günstigsten Lagerbedingungen (Lagerschäden sind z. B. Ranzigwerden bei Butter, Vitamin-Verluste bei Obst und Gemüse, Aromaverluste bei Kaffee und Gewürzen). Dabei ist der Verderb erst das zweite Stadium der Veränderungen; vorher läßt sich meist eine Qualitätseinbuße feststellen, die eine Verminderung der Schmackhaftigkeit, des Nährwertes und des Sättigungswertes zur Folge hat. Es ist dabei zu bedenken, daß in der Zeit von der Entnahme aus dem Lager bis zum Verbrauch auch noch Veränderungen stattfinden, so daß nicht im Lager das Ende der Haltbarkeit abgewartet werden darf.

3. Von der nahrhaften und schmackhaften Zubereitung und Zusammenstellung der Gerichte (Zusatz von Gewürzen, Küchenkräutern und dgl.).

Die Lagergüter in ihrer Gesamtheit verkörpern ungeheure Werte, weshalb schon Verluste von wenigen Prozenten sehr große Summen ergeben. Deshalb ist die Verantwortung jedes einzelnen, der in den Ablauf der Kette von der Erzeugung bis zum Verbrauch eingeschaltet ist, sehr groß. Um jeweils die richtige Abhilfe treffen zu können, ist erforderlich, daß sich jeder einzelne, der bei dem Vorgang mitwirkt, mit der Natur der Veränderungen vertraut macht.

Folgende Veränderungen lassen sich bei der Lagerung von Lebensmitteln beobachten:

1. Chemische und biochemische Veränderungen.
2. Physikalische Veränderungen.
3. Verderb durch Mikroorganismen (Schimmelpilze, Bakterien, Hefen).
4. Fraß durch tierische Schädlinge.

Aus der Betrachtung der Veränderungen lassen sich die Abhilfemaßnahmen ableiten.

Chemische Veränderungen.

Die Veränderungen erfolgen entweder dadurch, daß hochmolekulare Substanzen unter Mitwirkung von Wasser in ihre einfachsten Bausteine zerlegt werden (Hydrolyse) oder durch radikalen Abbau der organischen Substanz, meist Oxydationsvorgänge (Desmolyse).

Die chemischen Veränderungen sind bis zu einem gewissen Grade erwünscht, wie z. B. das Altern des Weines, das Mürbewerden des Fleisches, die Aromabildung bei Butter. Meist sind die chemischen Veränderungen aber unerwünscht, und zwar ist insbesondere Fett gefährdet. Zu den chemischen Lageveränderungen gehört z. B. das Talgigwerden von Butter, Schmalz, Öl, Fettgewebe, Vollmilchpulver, Suppenwürze, Nüssen, Kleie und dgl., der Abbau des Vitamin C, das Abdunkeln der Fleischfarbe und dgl. (oxydative Veränderungen), das Altbackenwerden des Brotes, die Veränderung der Backfähigkeit des Mehles (Alterung der Stärke und Veränderung des Quellungsvermögens, der Eiweißstoffe des Klebers). Die Geschwindigkeit dieser Veränderungen hängt vor allem von der Temperatur ab. Ganz allgemein werden chemische Veränderungen durch eine Temperatursenkung von 10° um das 2—3fache verlangsamt. Entsprechend ist die Verzögerung einer Temperatursenkung um 20° eine 4—9fache und bei 30° eine 8—27fache. Dies heißt, eine chemische Veränderung, die sich bei 30° in einem Tag abspielt, erfolgt möglicherweise bei 0° erst in etwa einem Monat. Dies unterstreicht die Gefährdung eines kaltzulagernden Lebensmittels selbst durch eine kurze Vor- bzw. Zwischenlagerung bei höheren Außentemperaturen. Chemische Prozesse können durch sogenannte Katalysatoren, d. h. durch Körper, die an der Reaktion selbst nicht teilnehmen, beschleunigt werden. Sie spielen in Form sogenannter Fermente (oder Enzyme) beim Stoffwechsel aller Lebewesen eine bedeutende Rolle, sie steuern die vielen ineinandergreifenden ablaufenden Stoffwechselvorgänge und werden auch bei Gefriertemperaturen nicht abgetötet, wohl aber durch Erhitzen. Zu der Reihe der Katalysatoren gehören auch Spuren von Metallen oder deren Salzen wie Kupfer, Eisen, Mangan, welche das Talgigwerden des Fettes beschleunigen und das Vitamin C zerstören. Die durch Schwermetalle beschleunigte Oxydation dürfte für die Ausbildung eines Heugeschmackes bei Gefrier- und bei Trockengemüse verantwortlich sein. Bei Fetten sind sie schon in Mengen von 0,001 g je Kilogramm wirksam, so daß schon eine kurze Berührung mit diesen Metallen ausreicht, derartig geringe Spuren in sich aufzunehmen. Auch Licht gehört zu den Beschleunigern der Autoxydation der Fette; schon infolge der eine Minute währenden Belichtung durch Sonnenlicht läßt sich bei Butter die Ausbildung eines dunkleren gelben Randes feststellen und entsprechende Talgigkeit nachweisen. Dabei ist das Licht im Gebiet der sogenannten ultravioletten Strahlen besonders wirksam; also ist blaues Licht schädlicher als rotes. Da blau gestrichene Fenster vorwiegend für blaues Licht durchlässiger sind, sind solche Fenster zur Verhinderung von Oxydationsveränderungen nicht günstig. Besser sind grüngestrichene bzw. braunrote Fenster bzw. völliges Abdunkeln. Die Vorgänge sind bei reinen Fetten und Ölen die gleichen wie bei eben noch fetthaltigen Lebensmitteln. Reine Fette sind aber im allgemeinen haltbarer.

Zusammenfassend ergibt sich, daß sich eine Reihe chemischer Veränderungen verlangsamen bzw. vermeiden läßt durch:

Ausschaltung von Sauerstoff,
Ausschaltung von Licht,
Wahl möglichst tiefer Temperaturen.

Mikrobiologische Veränderungen.

Kleinlebewesen spielen bei der Zersetzung organischer Stoffe eine überragende Rolle. Dabei treten oft Zwischenstufen auf, die sich der Mensch zunutze macht, z. B. Alkohol (Wein, Bier), Milchsäure (Sauerkraut, Silofutter, Sauerteig, Käse), Essigsäure, Zitronensäure usw.

Überaus mannigfaltig sind aber auch die unerwünschten Veränderungen, die durch Mikroben an Lebensmitteln verursacht werden. Ihr reger Stoffwechsel bewirkt eine starke Einbuße an Nährwerten, darüber hinaus treten aber auch meist erhebliche Geschmacks- und Geruchsveränderungen auf, die bis zur Genußuntauglichkeit führen können. Außerdem können als Stoffwechselprodukte schwere Gifte (Toxine) entstehen. Auch manche bakterielle Erkrankung kann durch den Genuß verdorbener Lebensmittel auf den Menschen übertragen werden. In bezug auf ihre Temperaturempfindlichkeit unterteilt man die Mikroorganismen in 3 Gruppen: in kälteliebende, die am besten bei 0—10° gedeihen, in wärmeliebende mit einem günstigsten Bereich zwischen 50 und 60°; die größte Zahl hat jedoch ihr Optimum bei 25—40°. Das Wachstum der Mikroorganismen ist an einen gewissen Wassergehalt des Nährmediums gebunden. Wasserhaltige Lebensmittel sind daher gefährdeter als wasserfreie oder wasserarme (z. B. Fette). Die wichtigsten Mikroorganismen beim Verderb von Lebensmitteln sind Bakterien und Schimmelpilze, Hefen in geringerem Umfang.

Die *Bakterien* sind einzellige Lebewesen; manche Arten sind begeißelt, so daß sie sich aktiv bewegen können. Die Vermehrung erfolgt durch Querteilung der Zelle, und zwar unter günstigen Lebensbedingungen außerordentlich rasch. In günstigen Fällen kann alle 30 Minuten eine Zweiteilung erfolgen, wodurch aus einer Bakterienzelle in 15 Stunden 1 Milliarde entsteht, wenn alle Zellen lebens- und teilungsfähig sind. Von großer Bedeutung ist dabei die Temperatur; so verlangsamt eine Temperatursenkung von 10° auch die Entwicklungsgeschwindigkeit der Bakterien im allgemeinen um das 2—3fache, bei Annäherung an das Temperaturminimum bzw. -maximum der Wachstumskurve aber noch erheblich stärker.

Manche Bakterien vermögen beim Eintritt ungünstigster Lebensbedingungen, z. B. bei niedriger relativer Feuchtigkeit, Dauerformen (Sporen) zu bilden. Diese Sporen sind gegen die Einwirkung der Hitze oft außerordentlich widerstandsfähig; so lassen sich manche Arten erst nach $^1/_2$stündiger trockener Erhitzung auf 165° vernichten. Feuchte Hitze bewirkt bei 125° in wenigen Minuten eine vollkommene Sterilisation. Die sogenannten vegetativen Stadien der Bakterien sind gegen Hitze empfindlicher: sie werden bereits bei Temperaturen von 60—80° abgetötet (Pasteurisieren).

Bei Temperaturen, die tiefer als —3° liegen, kommt die Entwicklung aller Bakterien, die für den Verderb von Lebensmitteln eine Rolle spielen, völlig zum Stillstand. Indes werden durch Gefrieren die meisten Bakterien nicht vernichtet, so daß nach dem Auftauen des Gefriergutes ihre Tätigkeit sogleich wieder einsetzt.

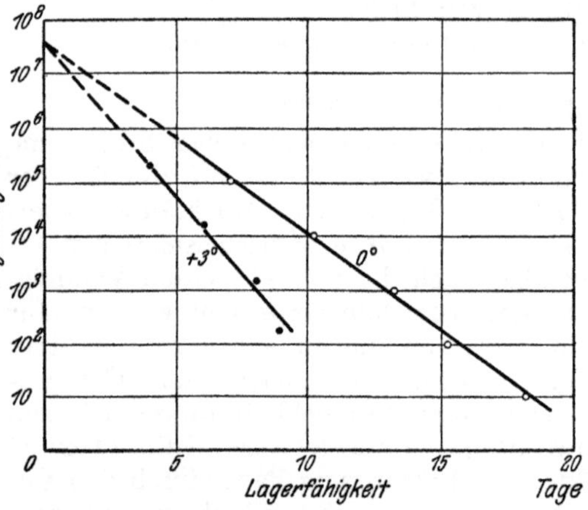

Abb. 1. Abhängigkeit der Haltbarkeit von Fleisch vom Anfangskeimgehalt auf der Oberfläche.

Wegen der raschen Vermehrungsfähigkeit der Bakterien ist für die Haltbarkeit leicht verderblicher Lebensmittel — vor allem von Fleisch und Fleischwaren, Fischen, Milch, Fruchtsäften — ein niedriger Anfangskeimgehalt von besonderer Bedeutung. Nur größte Sauberkeit bei der Herstellung und während der Kühllagerung, sorgfältige Reinigung aller Geräte, schützt die Ware vor vorzeitigem Verderb. Fleisch aus einer sauberen Schlachtung ist z. B. 2—3mal länger haltbar als die Ware, die durch unsauberes Schlachten gewonnen wurde (Abb. 1).

Die Vermehrung der Bakterien ist sehr stark an die relative Feuchtigkeit gebunden; die Grenzfeuchtigkeit liegt bei 95—96%, d. h., daß auf Lebensmitteln, die so stark eingetrocknet sind, daß ihr Wassergehalt einer niedrigeren relativen Feuchtigkeit entspricht, eine Anpassungsfähigkeit und damit eine Nährstoffaufnahme nicht mehr möglich ist (Abb. 2). Osmotisch ähnlich wirkend mit einem Wasserentzug durch Trocknen ist eine Erhöhung des Salzgehaltes des Nährmediums.

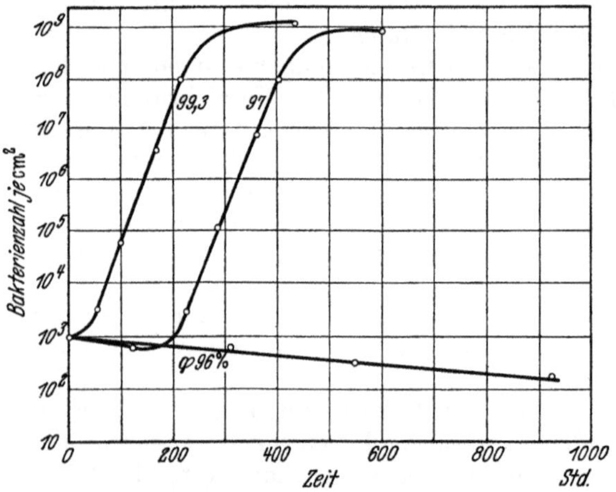

Abb. 2. Wachstumskurven von Fäulnisbakterien auf Fleisch bei verschiedenen Gleichgewichtsfeuchtigkeiten.

Bakterien sind in erster Linie verantwortlich für den Verderb eiweißhaltiger Lebensmittel, so für die Fäulnis von Fleisch, Fischen und Eiern, für das Ranzigwerden der Butter, den Verderb von Gemüsekonserven und dgl. Ein geringer Belag von Fäulniserregern an der Oberfläche von Lebensmitteln ist an sich nicht gesundheitsschädlich. Stärkerer Belag kann Darmstörungen hervorrufen. Dagegen kann es in Fleischwaren und Gemüsekonserven zur Entwicklung von Anaerobiern kommen — das sind Bakterienarten, die den zum Leben erforderlichen Sauerstoff nicht aus der Luft, sondern aus sauerstoffreichen Verbindungen holen —; diese Formen bilden z. T. äußerst giftige Stoffwechselprodukte (Toxine). Auch wenn eine Ware noch völlig einwandfrei riecht und schmeckt, kann ihr Genuß bereits zu schweren Vergiftungen führen. Schon aus diesem Grunde ist stets äußerste Sauberkeit bei der Handhabung der Lebensmittel nötig.

Die auf Lebensmitteln vorkommenden *Schimmelpilze* gehören verschiedenen biologischen Klassen und Ordnungen an; ihre Vermehrung erfolgt überwiegend durch Sporen, die in ungeheurer Menge gebildet und durch die geringste Luftbewegung auf benachbarte Lagergüter übertragen werden, wo sie sich zu neuen Kolonien entwickeln können. Somit bedeuten verschimmelte Lebensmittel auch für weiter entfernte Lagergüter desselben Lagerraumes eine große Infektionsgefahr. Schon beim ersten Auftreten der Pilzkolonien sind die befallenen Stellen bzw. Stücke zu entfernen, da sonst ein rascher Verderb um sich greifen würde. Schimmelpilze können bei niedrigen Feuchtigkeitsgraden, bei welchen Bakterien schon die Entwicklung einstellen, noch gedeihen. Die meisten Arten wachsen noch bei 85% relativer Feuchtigkeit und gelegentlich soll selbst bei 75% noch Entwicklung beobachtet worden sein (vgl. Abb. 3). Infolgedessen sind Schimmelpilze für getrocknete Lebensmittel (Trockengemüse, Trockenfleisch, Dauerwurst, Getreide) und für Fette (Butter, Speck) sowie für gesalzene und gezuckerte Lebensmittel besonders gefährlich. Gegen niedrige Temperaturen sind sie weniger empfindlich als die meisten Bakterien. Manche Arten entwickeln sich — wenn auch sehr langsam — noch bei Temperaturen von — 8°, so daß vor allem Gefrierfleisch und Fette, wenn sie nicht bei genügend niedriger Temperatur lagern, befallen werden können. Gegen Hitze sind die Pilzsporen bedeutend empfindlicher als die Bakteriensporen. Im Gegensatz zu den Bakterien, die im allgemeinen neutrale oder schwach alkalische Nährböden bevorzugen, finden sich Schimmelpilze oft auf sauren Substrakten (Obst, Marmeladen, Sauermilch, Fruchtsäfte, Sauerkohl und dgl.); außerdem benötigen die meisten Schimmelpilze zum Wachstum Sauerstoff; eine wesentliche Entwicklungshemmung ist allerdings erst bei Sauerstoffkonzentration um 1% zu erwarten.

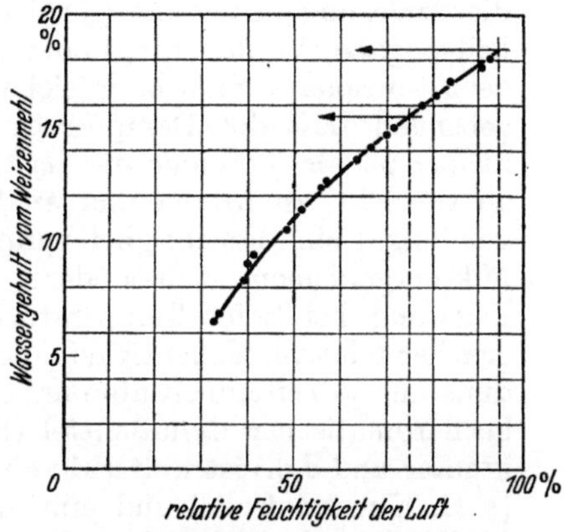

Abb. 3. Abhängigkeit des Wassergehaltes von Weizenauszugmehl von der relativen Feuchtigkeit der Luft (nach Seidel). (Die bei 95 und 75% eingezeichneten Kurvenpunkte geben an, bis zu welchen Wassergehalten herab ein Wachstum von Bakterien bzw. von Schimmelpilzen möglich ist.)

Zusammenfassend ergibt sich, daß das wichtigste Bekämpfungsmittel der Mikroorganismen, die Sauberkeit des Betriebes und insbesondere bei Schimmelpilzen die Entfernung der ersten sichtbaren Kolonien ist, da die Verbreitung von den befallenen Oberflächen sonst sehr rasch vor sich geht. Eine Verzögerung — in Grenzfällen eine Hemmung — der Entwicklung ist möglich durch die Wahl tiefer Temperaturen und niedriger Feuchtigkeitsgrade. Dabei sind im allgemeinen Bakterien gegen eine solche Beeinflussung empfindlicher als Schimmelpilze.

Physikalische Veränderungen.

Die bei der Lagerung nachteiligste physikalische Veränderung ist die Änderung des Wassergehaltes des Lebensmittels durch Feuchtigkeitsabgabe (Verdunstung) oder durch Aufnahme von Feuchtigkeit aus der Atmosphäre, falls bei gleicher Temperatur der Ware bzw. der umgebenden Luft der Dampfdruck über dem Lebensmittel größer bzw. kleiner ist als derjenige der Luft. Eine Verdunstung hat einen Verlust an Gewicht, an Aroma und an Verkaufswert (Obst, Gemüse, Fleisch) zur Folge; eine Feuchtigkeitsaufnahme erleichtert die Entwicklung von Mikroorganismen, insbesondere von Bakterien und Schimmelpilzen. Lagerung bei tiefen Temperaturen ist auch deshalb günstig, weil bei gleicher relativer Feuchtigkeit die Dampfspannung und damit die Verdunstung je Zeiteinheit abnimmt. Zur Vermeidung von Aromaverlusten hocharomatischer Genußmittel (Kaffee, Gewürze, getrocknete Küchenkräuter und dgl.) ist weiterhin eine möglichst dampfdichte Verpackung (z. B. Kunststoffolie) und eine möglichst geringe Oberfläche für den Stoffaustausch (dichte Stapelung) anzustreben.

Eine weitere bei manchen Lagergütern ungünstig in Erscheinung tretende physikalische Veränderung ist die Umwandlung vom festen in den flüssigen Zustand, z. B. bei Kunsthonig, Schokolade, Fetten. Sie läßt sich nur dadurch vermeiden, daß durch kühle Lagerung die Überschreitung des Schmelzpunktes vermieden wird.

Kommt kaltes Gut mit warmer Luft in Berührung, so kann sich je nach dem Feuchtigkeitsgehalt der Luft Feuchtigkeit auf dem Gut niederschlagen. Ein Feuchtigkeitsniederschlag tritt dann ein, wenn die Gutstemperatur gleich bzw. niedriger als der Taupunkt der Luft ist.

Aber selbst, wenn diese Bedingung erfüllt ist, kann trockenes Gut wenn auch nicht beschlagen, so doch Feuchtigkeit so weitgehend aufnehmen, daß ein Schimmelpilzwachstum möglich ist. Die Grenze für das Schimmelpilzwachstum ist nicht starr, sondern von deren Arten und der Temperatur abhängig, doch dürfte im allgemeinen bei einer relativen Feuchtigkeit unter 75% keine Gefahr einer Qualitätsbeeinflussung mehr bestehen. Man kann eine schädliche Feuchtigkeitsaufnahme beim Belüften vermeiden, wenn der absolute Wassergehalt der Luft gleich oder kleiner ist als der absolute Wassergehalt in der Grenzschicht des Gutes, dessen Temperatur gemessen wird und dessen Wassergehalt einer relativen Feuchtigkeit von höchstens 75% entspricht.

Die Zusammenhänge werden aus der Seidelschen Belüftungstabelle oder aus dem nachfolgenden vereinfachten i/x-Diagramm für feuchte

Luft klar. In Abb. 4 ist in waagerechter Richtung der absolute Wassergehalt x der Luft und in senkrechter Richtung an Stelle des Wärmeinhaltes i die Temperatur t der feuchten Luft aufgetragen. Weiterhin sind Linien konstanter relativer Feuchtigkeit eingetragen. Durch die gemessene Temperatur und relative Feuchtigkeit φ ist der Zustand der Außenluft im Diagramm definiert, so kann z. B. bei einer Lufttemperatur von $+10°$ und einer relativen Feuchtigkeit von 50% der Punkt A eingezeichnet werden. Der Taupunkt der Luft ist dann durch die

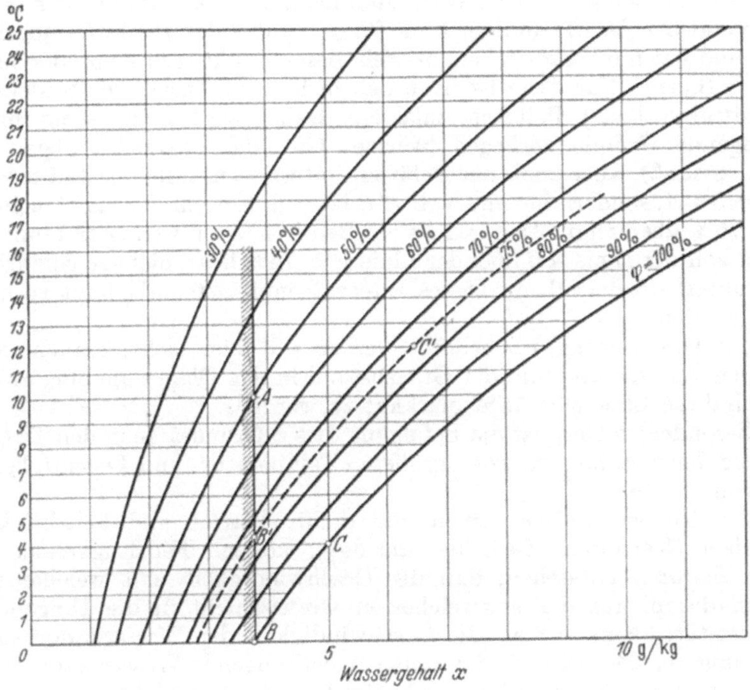

Abb. 4. Vereinfachtes i/x-Diagramm für feuchte Luft.
Eingezeichnet: Luftzustand A = entsprechend $t = 10°$ und $\varphi = 50\%$, und Gutszustand C' : $t = 12°$ und $\varphi = 75\%$; B = Taupunkt der Luft.

Schnittlinie der Senkrechten durch den Punkt A und die Kurve für $\varphi = 100\%$ (Punkt B) gegeben und liegt bei dem gewählten Beispiel bei $+ 0{,}1°$. Liegt die Gutstemperatur tiefer als B, so tritt ein Beschlagen ein. Kein Beschlagen tritt auf, wenn die Gutstemperatur rechts von den Verbindungsgeraden AB liegt, also z. B. bei Punkt $C = 4°$ und $\varphi = 100\%$, und zwar ist die Gefahr um so geringer, je weiter rechts der Punkt liegt, d. h. je höher die Gutstemperatur liegt. Dieser Fall ist z. B. für das Auslagern von Eiern, Obst, von Konservendosen oder dgl. wichtig.

Will man jedoch wissen, ob bei der Belüftung eine Gefährdung eines *Trockengutes* durch Anziehen von Feuchtigkeit auftritt, so muß die gleiche Betrachtung wie beim Taupunkt für die Linie $\varphi = 100\%$, nunmehr für die Kurve $\varphi = 75\%$ angestellt werden.

Der Zustand der Außenluft, die zur Belüftung dienen soll, sei wiederum durch den Punkt A gegeben ($t = 10°$, $\varphi = 50\%$). Es muß nun geprüft werden, ob sich der Gutszustand links oder rechts von der Senkrechten AB befindet. Bekannt ist die Temperatur des Gutes. Der Trockenheitsgrad — ausgedrückt als relative Feuchtigkeit im Gut — ist meist unbekannt. Erwünscht ist jedenfalls eine relative Feuchtigkeit von höchstens 75% im Gut. Man kann als Schnittpunkt der Gutstemperatur z. B. 12° und der Linie für $\varphi = 75\%$[1] den Punkt C' einzeichnen und hat nur festzustellen, ob sich dieser Punkt rechts von der Linie AB befindet. Nur dann ist nach den bisherigen Ansichten (Seidelsche Belüftungstabelle) Belüften zulässig. Dabei wird man, wenn nicht zwingende Gründe vorliegen (warmes Gut, das kurzzeitig abgekühlt werden muß), aber auch ein Belüften unterlassen, falls der Luftzstand nicht bei A, sondern im Intervall $B'B$ liegt, d. h. wenn die Luftfeuchtigkeit 75% übersteigt. Dagegen ist ein Belüften, auch wenn der Punkt C' links von der Linie AB über der Linie $\varphi = 75\%$ liegt, nicht so gefährlich wie unterhalb derselben. Dieses Intervall muß *stets* unbedingt vermieden werden.

Zur Orientierung, ob belüftet werden soll oder nicht, braucht also nur der Luftzustand und der Gutszustand in das Diagramm eingezeichnet und die Linie $\varphi = 75\%$ markiert zu werden.

Besonders wichtig ist die Befolgung dieser Grundsätze in den Tropen infolge der dort herrschenden größeren Temperatur- und Feuchtigkeitsschwankungen.

Bei Gütern, welche atmen und damit Wärme und Feuchtigkeit abgeben (Kartoffeln, Getreide und dgl.), können Feuchtigkeitsnester auch dadurch entstehen, daß die Geschwindigkeit, mit welcher der Wasserdampf aus der angereicherten Grenzschicht in die Umgebung verdunstet, kleiner ist als die Geschwindigkeit der Wasserdampfnachlieferung aus dem Innern; das weiter nachdrängende Wasser kann nicht mehr verdunsten, die Ware „schwitzt", und zwar nicht unmittelbar auf der Oberfläche, sondern etwas unterhalb. Besonders leicht tritt dies naturgemäß bei dichter Stapelung ohne Luftzirkulation ein, wenn die Raumluft und damit die Oberfläche kälter ist, sowie wenn die Ware mit dem kalten Boden und Außenwänden in unmittelbarer Berührung steht. Atmende Güter müssen daher besonders luftig auf hohen Stapelrosten gelagert werden.

Tierische Schädlinge.

Die Zerstörung der Lebensmittel erfolgt meist durch Fraß von Insektenlarven (Maden, Raupen), in geringerem Umfang durch Käfer. Weiterhin durch Spinnentiere (Milben) und durch Nager (Ratten, Mäuse). Der reine Substanzverlust ist dabei oft weniger ausschlaggebend als die psychologische, ekelerregende Wirkung (z. B. Maden oder Raupen in

[1] Bei feuchterem Gut muß der Schnittpunkt mit einer Linie von höherem Feuchtigkeitsgehalt gesucht werden.

gekochten Speisen, Mottengespinste und -kot in Nahrungs- und Genußmitteln) und die durch die Larven erfolgende Übertragung von Fäulniserregern.

Die Vermehrung der Insekten ist meist sehr stark; bei der Dörrobstmotte kann die Zahl der abgelegten Eier bis zu 600 betragen, bei anderen Motten beträgt die Zahl um 300. Man kann vielfach mit drei Bruten im Jahr rechnen. Dies bedeutet, daß von einem Weibchen im Laufe eines Jahres bei einem Gelege von nur 200 Eiern 1000000 Nachkommen entstehen können. Glücklicherweise schlüpfen nicht aus allen Eiern Larven und wird durch Krankheiten und natürliche Feinde diese theoretische Ziffer nicht erreicht.

Abtötung durch hohe Temperaturen. Die Abtötung von Schädlingen durch hohe Temperaturen hängt von der Art des Schädlings, der Feuchtigkeit und der Dauer der Temperatureinwirkung ab. Aus tropischen Ländern eingeschleppte Schädlinge ertragen höhere Temperaturen als einheimische. Bei höherer Feuchtigkeit werden hohe Temperaturen leichter überdauert. Am wichtigsten ist die Dauer der Temperatureinwirkung. Je höher die Temperatur ist, in desto kürzerer Zeit erfolgt die Abtötung. Es müssen aber, besonders bei gepacktem Material, die zur Abtötung ausreichenden Temperaturen für die benötigte Zeit auch im Innern der Waren erzeugt werden. Bei 45° beginnt die tödliche Wirkung. Allgemein werden Vorratsschädlinge bei Temperaturen von 60—80° bei einer Einwirkungszeit von 2 Stunden abgetötet.

Abtötung durch tiefe Temperaturen. Die in Deutschland heimischen Schädlinge werden durch tiefe Temperaturen, wenn sie nach und nach einsetzen, wie dies z. B. im Winter in Lagerräumen der Fall ist, nicht abgetötet. Aus warmen Ländern eingeschleppte Schädlinge sterben je nach der Art in kürzerer oder längerer Zeit bei tiefen Temperaturen ab, wobei aber der Grad der Sterblichkeit der verschiedenen Entwicklungsstufen: Ei, Larve, Vollkerf, sehr verschieden ist. Ein rascher Wechsel von Kälte und Wärme ist besonders wirksam. Grundsätzlich kommt tiefen Temperaturen die Bedeutung zu, daß Eiablage und Fraß, also praktisch alle Schäden aufhören. Schon bei Temperaturen von 10—14° hören fast alle Schädlinge mit der Eiablage auf, lediglich einige Milbenarten bleiben auch noch bis zu 8—10° herunter vermehrungsfähig; bei 4—5° setzt die völlige Kältestarre ein. Von 18° aufwärts kann eine Massenentwicklung beginnen. Hierbei spielt jeder Grad Temperaturerhöhung eine Rolle. Die günstigste Entwicklung der Insekten liegt bei Temperaturen zwischen 25 und 30°.

Trockenheit und Feuchtigkeit. Die meisten Vorratsschädlinge können sich in trockener Nahrung und bei großer Raumtrockenheit entwickeln. Bei höherer Feuchtigkeit, insbesondere bei Anwesenheit von Zuckerwasser, ist die Eiablage größer und es wird mehr gefressen. Nur wenige Schädlinge sind von der Feuchtigkeit unmittelbar abhängig. So können z. B. Mehlmilben bei einer tieferen relativen Luftfeuchtigkeit des Raumes als 60% nicht bestehen. Sie entwickeln sich nicht mehr in Getreide mit einem Wassergehalt unter 13% und in Mehl unter 12—13%.

Bekämpfungsmaßnahmen. Stets ist Vorbeugung durch äußerste Sauberkeit das wichtigste Bekämpfungsmittel. Sie muß im Fabrikationsbetrieb, nicht erst im Lager beginnen. Hierzu gehört eine regelmäßige Entfernung von Staub, Schmutz und Eckenresten, insbesondere auch in dunkeln Winkeln, auf Fensterbänken u. dgl.; Abdichten von Fugen und Ritzen in Holz und Mauerwerk, in welchen sich Insekten zur Verpuppung verkriechen, durch Gips bzw. Zement; Hochstellen von Lagergütern auf Lattenroste, regelmäßige Belüftung, Umstapeln gelagerter Bestände und Umschaufeln oder Umlaufenlassen von Getreide, Absieben von Mehl und Reis. Weiterhin hilft regelmäßiges Durchsehen der Vorräte (in der warmen Jahreszeit mindestens monatlich einmal), insbesondere Beobachtung des Sackabschlusses am Boden und Ausklopfen rückgelieferter Säcke. Staub und Schmutz dient den Schädlingen zur Nahrung und als Brutstätte, besonders an warmen Orten (unter Heizkörpern).

Sind tierische Schädlinge vorhanden, so werden sie meist auf chemischem Wege bekämpft. Man unterscheidet feste, flüssige und gasförmige Bekämpfungsmittel[1].

a) *Feste Bekämpfungsmittel.* Meist in Form von pyrethrumhaltigen Pulvern, mit denen sich die Insekten selbst einstäuben. Angewandt gegen Fliegen, Schaben, Grillen, Kellerasseln usw.

b) *Flüssige Bekämpfungsmittel.* In unverdünntem und in verdünntem Zustande meist zum Ausspritzen leerer Lagerräume. Besonders gegen Getreideschädlinge.

c) *Gasförmige Bekämpfungsmittel.* Die wichtigste Gruppe der Bekämpfungsmittel sind die gasförmigen Mittel. Sie werden entweder aus Gasflaschen abgeblasen oder entstehen durch Verdunsten von Flüssigkeiten oder durch Zersetzung fester Stoffe. Sie sind zum Teil auch in mit Lebensmitteln gefüllten Räumen anwendbar. In diese Gruppe gehören Blausäure (Zyklon B), Äthylenoxyd (Cartox, T-Gas), Phosphorwasserstoff (Delicia). Delicia dient der Bekämpfung von Kornkäfern und Brut in Getreide bei Bodenlagerung. Getreide in Silozellen wird vermittels einer Kreislaufapparatur mit Areginal oder Cartox begast. Zyklon B kommt hauptsächlich für die Begasung ganzer völlig geräumter Gebäude in Betracht. Mit T-Gas werden einzelne Räume entwest. Die Anwendung dieser Mittel ist nur durch Fachleute möglich. Zu entfernen vor einer Blausäuredurchgasung sind alle fett- und wasserhaltigen Lebensmittel (Sauerkohl, Weichkäse, frisches Brot, feuchter Zucker, feuchtes Salz, Eier, Fleisch, Butter und dgl.). In kleineren Mengen von Lebensmitteln werden Schädlinge in der Vergasungskiste abgetötet, in welche eine kleine Menge von flüssigem Verdunstungsmittel (Areginal, Schwefelkohlenstoff, Tetrachlorkohlenstoff) eingegeben wird. Bezüglich Einzelheiten muß auf Spezialliteratur verwiesen werden[1].

---

[1] ZACHER, Die Vorrats-, Speicher- und Materialschädlinge und ihre Bekämpfung, Berlin 1939. — ZACHER, F., Das ABC des Vorratsschutzes, Berlin 1940. — KUNIKE, G., Das ABC der Vorrats- und Hausschädlinge, Berlin 1940, Flugblätter 148/149 und 62/63 der Biolog. Reichsanstalt für Land- u. Forstwirtschaft, Berlin.

d) *Verneblungsmittel.* Freisitzende Motten, z. B. Mehlmotte, Dörrobstmotte, Kakaomotte, ferner Schaben, Speckkäfer usw. können durch Raumverneblung bekämpft werden. Verneblungsflüssigkeiten sind Atota, Parex, Sana-Tox-Ultra. Die Verneblung erfolgt mit einem Elektro- oder Dampfvernebler. Sie ist für Menschen und Haustiere unschädlich.

Gegen *Mäuse* hilft das Halten von Katzen, das Aufstellen von Turm- und Schlagfallen und das Auslegen von Giftgetreide, z. B. Delicia-Giftkörner oder Hohenheimer Phosphorroggen; gegen Feldmäuse Strychningetreide. Verschließen von Durchschlupflöchern.

Gegen *Ratten* helfen Katzen und Hunde. Fallen: Rattenbrocken (Speck, Bücklingsköpfe), entweder Meerzwiebelpräparate oder Köder mit Thalliumpaste. Die Ratten müssen zuerst mit unvergifteten Ködern angelockt werden. Am besten verschiedene Maßnahmen nach- bzw. nebeneinander. Kellerfenster, Abflußöffnungen, Haussiele und dgl. müssen mit engen Sperrgittern versehen sein. Fußboden des Erdgeschosses aus Zement, Türen und Schwellen mit Blechbeschlag. Als Köder für Mäuse und Ratten müssen solche verwendet werden, die diesen Tieren sonst nicht zugänglich sind.

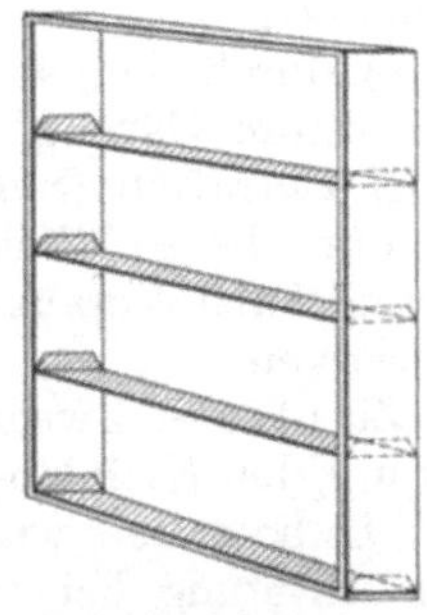

Abb. 5. Fangrahmen für Fliegen, auf der Innenseite des Fensters zu befestigen. (Der Fangrahmen muß dicht am Fenster befestigt werden, so daß zwischen den Scheiben [bzw. der Fliegengaze bei Lüftungsfenstern] und den waagerechten Leimpapierstreifen nicht mehr als etwa 1—2 cm bleiben. Die waagerechten Fangstreifen entweder aus den käuflichen Fliegenpapieren oder aus Brettchen, welche von Zeit zu Zeit neu mit Fliegenleim bestrichen werden. Abstand der Fangstreifen etwa 15 cm, Breite etwa 6—10 cm. Die Fangstreifen müssen wegen der möglichen Verstaubung von Zeit zu Zeit kontrolliert u. U. erneuert werden [nach STEINER].)

Gegen *Fliegen* bieten Schutz: fugendicht eingepaßte Gazefenster, Aufhängen von Fliegenfängern möglichst an Stellen, an welchen das Licht eindringt (Abb. 5), starker Luftzug, Aufstellen von Formalinködern, Verstäuben von Insektenpulver (Säuberung von Gestellen mit scharfer Seifenlauge. Rechtzeitige Entfernung von Abfällen).

Gegen *Ameisen* dienen Raupenleimstreifen an Hauswänden, Türen und Fenstern, Zerstörung der Nester, Giftköder, z. B. Rodax.

Wespen werden durch Ausräuchern der Nester, Aufhängen von Fangflaschen mit Köderflüssigkeit, bestehend aus Zuckerlösung mit Früchten, und durch Gazefenster bekämpft.

Es ergibt sich demnach, daß die *Sauberkeit* der Betriebe das Hauptmittel gegen tierische Schädlinge ist. Bei Temperaturen zwischen 0 und 10° kann die Eiablage verhindert werden. Da auf diese Weise auch die Mikroorganismen in der Entwicklung gehemmt und die physikalischen und chemischen Veränderungen verlangsamt werden, ist eine Lagerung bei *tiefen Temperaturen* der zweite Weg, den man anstreben müßte. Der dritte Weg ist die Wahl von *Verpackungen,* die gleichzeitig den richtigen Feuchtigkeitsgehalt aufrechterhalten und von tierischen Schädlingen sowie von Schimmelpilzen nicht ohne weiteres durchdrungen werden können.

Abhilfemaßnahmen:

a) Durch Anwendung hoher Temperaturen (Sterilisation, Pasteurisieren),

b) durch Anwendung niedriger Temperaturen (Klimatisieren, Kühlen, Gefrieren),

c) durch Anwendung niedriger relativer Feuchtigkeit, Erhöhen der Salz- bzw. Zuckerkonzentration (Trocknen, Salzen, Zuckern),

d) durch chemische Konservierungsmittel (bei Volksnahrungsmitteln nur in geringem Umfang gestattet — ausgenommen Essigzugabe, Räuchern), wie z. B. Benzoesäure, Borsäure, Salizylsäure, schweflige Säure, Ameisensäure (Marinaden, Präserven, Kompotte, Fruchtsäfte),

e) durch Vergärung (alkoholische Gärung beim Wein und Bier, milchsaure Gärung beim Sauerkohl, bei der Käsebereitung),

f) Filtration (Süßmost, Bier), durch Entkeimungsfilter.

Für alle Abhilfemaßnahmen ist Sauberkeit des Betriebes (geringer Keimgehalt) Voraussetzung für einen Erfolg, insbesondere bei Dosenkonserven.

Zu a): Der Zweck der Anwendung hoher Temperaturen ist die Abtötung der Kleinlebewesen und von Enzymen.

Die besonders widerstandsfähigen Sporen, z. B. Erdsporen, brauchen zur Abtötung bei 105—110° 7 Stunden, bei 115° noch 15 Minuten und bei 120° noch 6 Minuten. Die in Gemüsekonserven auftretenden Säurebildner vertragen Temperaturen bis 117°. Leider besteht bei manchen Lebensmitteln, insbesondere bei vielen Gemüsekonserven — z. B. bei Spargel — die Schwierigkeit, daß die zum sicheren Abtöten der Kleinlebewesen erforderlichen Temperaturen nicht verwendet werden dürfen, da das Erzeugnis sonst zu breiig würde und sich verfärbt. Ähnlich liegen auch die Verhältnisse bei manchen Fleischkonserven wie Brühwürstchen, Deutsches Corned Beef und dgl., außerdem bei Fischkonserven, die 60—90 Minuten bei 121° nicht ertragen. Man muß deshalb einen Mittelweg wählen, bei welchem die Erzeugnisse in ihrem Genuß- und Geschmackswert nicht beeinflußt werden und andererseits eine ausreichende Haltbarkeit gewährleistet ist. Bei Gemüsen von besonders weicher, wäßriger Beschaffenheit wie Spargel, Blumenkohl, Tomaten, nimmt man Temperaturen von 115°. Festere Massen wie Bohnen, Erbsen, Karotten kann man bei 118° und breiige, feste Massen ohne Aufguß wie Spinat, Sauerkraut und dgl. bei 121° sterilisieren. Kompottfrüchte mit Zuckerlösung, saure Gurken, Sauerkraut brauchen nur etwa 25 Minuten bei 100° ($^1/_1$ Dose) sterilisiert werden. Lebensmittel, die nicht so hoch erhitzt werden dürfen, daß eine genügende Sterilität gesichert ist, sollen vorsichtshalber bei tiefen Temperaturen gelagert werden. Eine solche Kombination in der Anwendung hoher und tiefer Temperaturen ist auch für Erzeugnisse nötig, welche das Metall bzw. den Lack stark angreifen wie viele Obstkonserven und sauere Gemüse. Besonders wichtig ist die Vermeidung hoher Lagertemperaturen für Erzeugnisse, die nicht sterilisiert, sondern nur pasteurisiert werden dürfen. Man versteht unter Pasteurisieren eine weitgehende Haltbarmachung von Flüssigkeiten (Bier, Süßmoste, Milch) unter Schonung der Geschmacksstoffe durch Kurzzeiterhitzung, z. B. bei Milch 30 Minuten bei 60—65° bzw. $^1/_4$—2 Minuten bei 71—74°.

Während sterilisierte Dosenkonserven in manchen Fällen bakteriologischen und chemischen Veränderungen unterworfen sein können, besitzen sie anderseits den Vorteil sofortiger Gebrauchsfertigkeit und einer nur mäßigen Abhängigkeit von den Klimabedingungen.

Zu b): Durch Anwendung tiefer Temperaturen werden im Gegensatz zu allen anderen Verfahren die leichtverderblichen Lebensmittel (Obst, Gemüse, Fleisch, Fische, Eier, Fette) weitgehend in ihrer natürlichen Beschaffenheit erhalten. Dies spielt eine besondere Bedeutung bei Lebensmitteln, die häufig roh gegessen werden, wie z. B. Obst, Eier, Fette. Die Entwicklung der Kleinlebewesen und der tierischen Schädlinge wird vermindert, die chemischen Veränderungen werden verlangsamt. Eine völlige Hemmung des Wachstums aller Kleinlebewesen tritt erst bei Temperaturen unter —10° ein; im Gegensatz zum Sterilisieren erfolgt keine Abtötung. Nach dem Abbrechen der „Kühlkette" gehen daher die mikrobiologischen Veränderungen weiter. Dies ist der Nachteil der Kältekonservierung.

Fermente, wie z. B. das zuckerspaltende Invertin, die fettspaltenden Lipasen, die Katalasen, sind auch bei Temperaturen von —20° noch wirksam. Ihre Wirkungen können bei langer Lagerung bei Gefriertemperaturen sowie beim Einfrieren und Auftauen in den Vordergrund treten. Trifft man dagegen die richtigen Vorkehrungen, so gehört das Gefrieren zu den schonendsten und die Qualität des frischen Erzeugnisses am besten erhaltenden Frischhaltungsmitteln. Für kürzere Haltbarkeitszeiten verwendet man Temperaturen über 0° (kühlen), für eine längere Vorratshaltung häufig Temperaturen unter dem Gefrierpunkt.

Zu c): Zweck der Trocknung ist die Erzielung eines Wassergehaltes, bei welchem das Wachstum der Kleinlebewesen aufhört. Der Zusammenhang ergibt sich aus Abb. 3. Man ersieht daraus, daß die Lebensmittel ziemlich weit heruntergetrocknet werden müssen, wenn der Wassergehalt einer Gleichgewichtsfeuchtigkeit entsprechen soll, bei welcher sich auch Schimmelpilze nicht mehr zu entwickeln vermögen. Die Einstellung eines so niedrigen Wassergehaltes ist nicht immer möglich, in manchen Fällen muß man sich darauf beschränken, die Randschichten einzutrocknen (Dauerfleisch, Dauerwurst), hierbei macht man deshalb zusätzlich von einer keimtötenden Wirkung des Rauches Gebrauch. Bei denjenigen Lebensmitteln, welche so stark getrocknet werden, daß ein Wachstum von Mikroorganismen nicht möglich ist, besteht das Lagerproblem im wesentlichen darin, den bei der Erzeugung erzielten niedrigen Wassergehalt aufrechtzuerhalten. Dies wird erzielt durch die Wahl einer dampfdichten Verpackung bzw. durch Klimatisieren des Raumes auf Feuchtigkeitsgrade zwischen 50 und 75%.

Getrocknete Lebensmittel haben den Vorteil, daß sie wenig Raum erfordern, ihr Gewicht gering ist und daß die chemischen Veränderungen langsamer verlaufen. Immerhin ist aber die Lagertemperatur noch von Einfluß, weshalb bei langen Lagerzeiten eine kühle Lagerung erforderlich ist. Nachteilig ist außerdem die Empfindlichkeit getrockneter Lebensmittel gegen die Feuchtigkeit der umgebenden Luft. Im allgemeinen muß die Verpackung licht-, luft- und wasserdampfdicht sein.

Zu e): Während bei der alkoholischen Gärung Zucker in Alkohol und Kohlendioxyd umgewandelt wird und so Nährwerte vernichtet werden, findet bei der milchsauren Gärung eine Umwandlung der Zuckerarten in Milchsäure ohne wesentliche Kalorienverluste statt. Zudem hat die Milchsäure noch eine besondere diätetische Wirkung. Die milchsaure Gärung ist weit verbreitet und findet Anwendung für die Herstellung von Sauerkraut, sauren Gurken und den sogenannten rheinischen Brühbohnen. Während die Vergärung bei 10—20° am besten verläuft und nach 1—4 Wochen abgeschlossen ist, sollte die Aufbewahrung bei etwa 5° erfolgen. Die Haltbarkeit ist um so besser, je luftdichter der Abschluß erfolgt, damit Gärschädigungen ferngehalten werden. Bei richtiger Behandlung geht die Haltbarkeit bis Februar (in offenen Gefäßen) bzw. bis April (in luftdicht geschlossenen Gefäßen). Der Säurezustand des eingelegten Gemüses ist fortlaufend zu kontrollieren. Die Wasserstoffionenkonzentration soll nicht über $p_H = 4{,}1$ steigen. Außer Kohl, Gurken und Bohnen sind neuerdings auch die Bedingungen für das Einlegen der meisten anderen Gemüse erforscht worden.

Allgemeine Richtlinien für die Bereitstellung von Lagerräumen, Transportmitteln u. dgl.

1a) Das wichtigste Gegenmittel gegen alle Vorratsschädlinge ist peinliches Sauberhalten aller Räume. Hierzu dient die Anwendung einer mindestens 2—3prozentigen Seifenbrühe bei Böden, Regalen, möglichst mit Zusatz einer Quassiaabkochung, das Kalken von Wänden und Decken zum raschen Erkennen von Schädlingen und von Schimmelpilzkolonien (Einfluß auf die Vernichtung der tierischen Schädlinge gering), das Auskratzen und das Verschmieren von Ritzen und Fugen mit Mitteln wie Aristogen, Erkalith, Spezialkitten, wie z. B. von v. Zawadzky, Berlin. Auch ein fugenloser Pappbelag von H. Paul, Guben, eignet sich zum Abdecken alter Holzdielenböden. Um glatte Fußböden zu erhalten, empfiehlt sich die Verwendung von Lärchenholz, wo Zementböden nicht angängig sind. Ausgezeichnete Dienste leisten auch Staubsauger. Der Kehricht muß sorgfältig verbrannt werden.

b) Säuberung von Mikroorganismen: Decken und Wände mit Kalk weißen, wobei der Kalkmilch Mikrosol oder 3—5% Formalin zugesetzt wird. Boden mit warmem Sodawasser reinigen. Es genügt eine 24stündige Begasung des leeren Raumes mit Formaldehyd. Hierzu ist lediglich eine Formalinlampe erforderlich; notwendige Formalinmenge 3 g/cbm Raum und eine 24stündige Einwirkungsdauer bei geschlossenen Raumöffnungen (mittels Spirituslampe, heißen Backsteinen oder dgl. und Handelsformalin oder Paraformaldehyd). Die Raumluft muß dabei möglichst feucht sein (evtl. Zerstäuben von Wasser), die Raumtemperatur muß mindestens +10° sein. Gegen tierische Schädlinge wirkt Formaldehyd nur wenig. Holzwerk soll mit einem pilztötenden Mittel, wie z. B. Eisenvitriol, beim Bau imprägniert werden.

c) Säuberung leerer bzw. in manchen Fällen auch gefüllter Räume von Ungeziefer: Am besten ist Anwendung eines der bekannten Begasungsverfahren (Cartox, Areginal, Zyklon B, Delicia). Häufig ist Ausspritzen von Boden, Wänden, Regalen und dgl. mit geruchlosen, abtötenden Mitteln wie „Littacid-Neu“ oder „Wolkusol A“. Dabei ist zu berücksichtigen, daß Ungeziefer versucht, in unbehandelte Nebenräume auszuweichen.

2. Lagerräume sollen wegen der Gefahr der Ungeziefereinschleppung durch Rohware von Fabrikationsräumen getrennt liegen.

3. Wegen der raschen Vermehrung aller Vorratsschädlinge darf nie ein stärkerer Befall abgewartet werden. Ein beobachteter Befall muß sofort beseitigt werden. Da die Vermehrung von Schimmelpilzen durch die Luft zu erfolgen vermag, muß auch hierbei ein stärkerer Befall sofort beseitigt werden (Dauerwürste, magerer Speck).

4. Gebrauchte Säcke können durch Erhitzen entseucht werden (4 Stunden bei 80°) oder aber in einer besonderen Gaskammer, z. B. nach dem Miag-Areginal-Verfahren oder mittels T-Gas. Mit gebrauchten Säcken ist stets große Vorsicht geboten. Holzkisten sind mit heißer Sodalösung zu waschen oder aber, wie unter 1b beschrieben, mit Formaldehyd zu begasen.

5. Für die Aufteilung der Räume ist zu berücksichtigen, daß Räume in den obersten Geschossen im Sommer meist sehr heiß und im Winter sehr kalt sind. Dafür sind sie im allgemeinen trockener als Kellerräume. Dabei ist zu bedenken, daß unmittelbar unter dem Dach (insbesondere bei Verwendung von schwarzer Dachpappe) Übertemperaturen von 25° über die im Schatten gemessene Außentemperatur auftreten können. Die Dächer müssen sorgfältig dicht gehalten werden. Blechdächer kühlen wegen ihres geringen Wärmespeichervermögens in klaren Nächten rasch ab, gegebenenfalls kann es auf ihnen zu Kondensationserscheinungen kommen (Tropen), wodurch das Lagergut gefährdet wird. Dachräume eignen sich sonst vorwiegend für Güter, die wenig temperaturempfindlich sind und trocken gelagert werden sollen und wenig anfällig gegen Insekten sind wie Rohkaffee, Tee, Fruchtsirup, evtl. Knäckebrot, Salz, Zucker, Teigwaren und Magermilchpulver. Kellergeschosse sind im Sommer kühler (im Herbst wärmer), aber etwas feucht und eignen sich für Dosenproviant (auch aus Gründen der Belastungsmöglichkeit) sowie für Gurken, Sauerkraut und Heringe in Fässern, Wein, Süßmost, Speiseöle, Hartkäse; mittlere Stockwerke für den übrigen Proviant, soweit nicht Kühlräume erforderlich sind. Ganz allgemein ist zu bedenken, daß die Lageratmosphäre im Innern von Gebäuden im Winter trockener ist als außen, im Sommer ist es umgekehrt.

6. Lagerräume für fetthaltige Lebensmittel (Butter, Margarine, Öl, Schmalz, Speck, Röstkaffee, Vollmilchpulver, kleiehaltige Mehle, Vollsoja, Dauerwurst, Räucherfische, Salzheringe, Backwaren, Schokolade, Suppenwürfel und dgl.) müssen abgedunkelt sein, falls die Verpackung nicht aus (lichtdichten) Blechgefäßen besteht.

7. Lebensmittel, welche Feuchtigkeit anziehen, dürfen nicht auf den Boden gestellt werden, insbesondere nicht auf Steinboden. Zur Stapelung sind ausreichend hohe Holzroste bzw. Dachlatten — behelfsweise Ziegelsteine — notwendig. Da die Außenwände die Feuchtigkeits- und die Temperaturschwankungen der Atmosphäre aufnehmen und längere

Zeit speichern, dürfen Lebensmittel niemals bis zu Außenwänden gestapelt werden.

8. Lebensmittel, die auf einen Feuchtigkeitsgehalt getrocknet werden, der ein Wachstum von Schimmelpilzen vermeidet, sollten möglichst dicht gestapelt werden. Eine luftige Stapelung ist lediglich bei Lebensmitteln angebracht, die Wärme und Feuchtigkeit abgeben (Obst- und Gartenbauerzeugnisse, reifender Camembertkäse, Tabak), die an die Oberfläche von innen her Feuchtigkeit anziehen (Brot, Dauerwurst, Dauerfleisch usw.) und bei Sacklagerung, falls zur Mäusebekämpfung Katzen verwendet werden.

9. Niemals dürfen geruchabgebende Lebensmittel mit nicht riechenden Lebensmitteln in ein- und denselben Raum gelagert werden. Meist ist auch Vorsicht geboten, wenn ein Lagerraum vorher mit geruchabgebenden Waren belegt war. Selbst bei Wahl einer weitgehend geruchsdichten Verpackung (ausgenommen Blech) muß man zu den geruchabgebenden Lebensmitteln zählen: Gewürze, Trockengemüse, Röstkaffee, Tee, Rauchwaren, außerdem natürlich Käse, Sauerkraut und anderes eingelegtes Gemüse, Räucherwaren, Obst und Gemüse, insbesondere Zitrusfrüchte, Fische. — Besonders geruchempfindlich sind anderseits Butter und Margarine, Frischfleisch, Speck, Eier, Mehl, Vollsoja, Kakao, Zwieback, Schokolade.

10. Auch die Zusammenlagerung trockener Lebensmittel mit feuchtigkeitsabgebenden Lebensmitteln wie frischem Brot, Käse, Wurst und dgl., gefährdet das trockene Gut.

11. Müssen feuchtigkeitsempfindliche Lebensmittel aus einem kalten Lagerraum in die warme Außenluft gebracht werden, so ist dabei eine möglichst luftige Stapelung erforderlich.

12. Gefrieren ist für folgende Lebensmittel schädlich bzw. macht sie insbesondere durch Sprengung der Verpackung unbrauchbar: Kartoffeln, Frischgemüse und Frischobst, Eier in Schalen, Mineralwasser, Wein, Bier und Süßmoste in Flaschen, Gewürzgurken, manche Dosenkonserven (und einige Käsesorten), letztere durch Bröckligwerden. Deshalb dürfen bei Frostgefahr stark wasserhaltige Lebensmittel keinesfalls in Flaschen bzw. in Glasballons transportiert werden, bei Fässern muß ein Leerraum von mindestens 10% verbleiben. Die Verwendung von Isolierwagen bietet keinen genügenden Schutz gegen Gefrieren von Lebensmitteln (nur 2 bis 8 Tage je nach der Schärfe des Frostes und der Stärke der Isolierung); bei längeren Transporten müssen zusätzlich Güterwagenheizöfen angewandt werden. Dagegen werden Fleisch, Fische, Fette, Speck, Dauerwurst, Rauchfleisch, getrocknete Hülsenfrüchte, Trockenobst und Trockengemüse, Teigwaren und sonstige Getreideerzeugnisse, Salz, Zucker, Zuckerwaren und andere feuchtigkeitsarme Lebensmittel durch Frost qualitativ kaum beeinträchtigt.

Gegen hohe Lagertemperaturen und insbesondere gegen Sonnenbestrahlung sind wegen der Gefahr des Talgigwerdens alle Fette und fetthaltigen Lebensmittel empfindlich (vgl. 6.) und außerdem rasch verderbliche sowie alle stark gegen tierische Schädlinge anfälligen Lebensmittel wie Eier, Fleisch, Geflügel, Milch, Fische, Obst und Gemüse, Weichkäse, außerdem auch Sauerkohl, Salzgurken, Senf, Schmelzkäse, Halbhartkäse, Trockengemüse, Trockenobst, Wein und Süßmost, Obstkonserven, Schinken und Zunge in Dosen, Fischkonserven in sauren Tunken, Dosenspargel, Tabakwaren sowie alle Getreidearten und Getreideerzeugnisse und Bier.

13. Um die Lüftung der Räume so vornehmen zu können, daß die Feuchtigkeit der eingelagerten Waren nicht ansteigt, müssen die einzelnen Räume mit Thermometern und Haarhygrometern ausgerüstet werden. Weiterhin muß im Freien an einer von Regen, Sonnenschein und Staub geschützten Stelle ein Thermometer und ein Haarhygrometer angebracht sein. Die Haarhygrometer müssen in regelmäßigen Abständen — mindestens einmal vierteljährlich — mittels Psychrometer nachgeeicht werden.

Normalerweise herrscht kurz vor Sonnenaufgang die tiefste und mittags zwischen 14 und 16 Uhr die höchste Temperatur. Bei der relativen Feuchtigkeit verhält es sich umgekehrt. Gegen Abend nimmt die relative Feuchtigkeit rasch zu, um in den Nachtstunden nur noch verhältnismäßig langsam ihren Höchstwert kurz vor Sonnenaufgang anzunehmen. Bei solch normalen Verhältnissen empfiehlt es sich, in den Stunden kurz nach Sonnenaufgang eine Belüftung vorzunehmen, wenn es sich darum handelt, die Verpflegungsmittel trocken und einigermaßen kühl zu lagern. Kommt es dagegen ausschließlich auf die kühle Lagerung an, so wird man eine lange Durchkühlung während der Nachtstunden vornehmen. Eine Belüftung am frühen Nachmittag kann dann in Frage kommen, wenn Lebensmittel feucht geworden sind und rasch trocknen müssen, bzw. wenn Lebensmittel stark feuchtigkeitsempfindlich und wenig temperaturempfindlich sind (z. B. Zucker). Bei Nebel bzw. bei warmem Wetter mit Gewitterregen soll natürlich grundsätzlich nicht belüftet werden.

14. Um auch bei Regen ein- und ausladen zu können, sollen Lebensmittellager ein Schleppdach oder dgl. besitzen. In Kühlhäusern ist es empfehlenswert, die Glasdächer über Laderampen im Sommer mit abfließendem Kondensatorwasser zu berieseln.

15. Sorgfältige übersichtliche Lagerung, genaue Bezeichnung der Stapel, laufende Bestandsüberwachung erleichtern das rechtzeitige Erkennen auftretender Qualitätsveränderungen. Besonders ist darauf zu achten, daß Lebensmittel aus einem Lager ihrem Alter nach verbraucht werden.

Kühltransport[1]. Kühl- und Gefrierverfahren vermögen sich nur dann in allen ihren Vorteilen auszuwirken, wenn von der Erzeugung bis zum Verbrauch leichtverderblicher Lebensmittel die Kühl- bzw. Gefrierkette aufrechterhalten wird. Ein besonders schwaches Glied in dieser Kette bildet im Augenblick noch der Kühl- bzw. Gefriertransport.

[1] Heiss, R., Die Aufgaben der Kältetechnik bei der Bewirtschaftung Deutschlands mit Lebensmitteln, Heft A, RKTL H. 77, Berlin, Beuth-Verlag 1939. — Heiss, R., Transport gefrorener Lebensmittel, Gefriertaschenbuch, VDI-Verlag 1940. — Heiss, R., u. H. Flemming, Gefrierbehälter für die Wehrmacht, Die Kälte-Industrie 37 (1940).

Selbst wenn die Transporteinrichtungen genügend dicht, ausreichend isoliert und mit zweckmäßigen Kühleinrichtungen versehen sind, ist ihre Anwendung für Kühlwaren wie Butter, Obst und Gemüse grundsätzlich *nur* dann lohnend, wenn die Ware bereits genügend kalt verladen wird. Zum Abkühlen warmer Ware eignen sich Kühltransportmittel *nicht* und es ist beim Verladen nicht gekühlter Ware stets zu befürchten, daß die Qualität beim Transport stärker leidet als beim Versand ohne Kühlung in belüfteten Waggons. Insbesondere gilt dies für Lebensmittel, die Wärme entwickeln, wie Weichkäse, Frischobst, Frischgemüse, Südfrüchte. Besonders empfindliche Güter wie Butter, Margarine und dgl. sollten im Sommer grundsätzlich durchgefroren verladen werden.

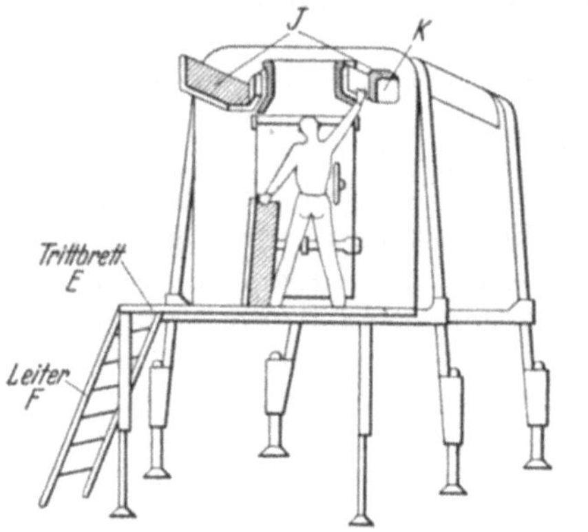

Abb. 6. Gefrierbehälter der Studiengesellschaft für Behälterverkehr mit Hubstützen zum Abstellen und zum Unterfahren von Kraftfahrzeugen. J = Gefrierpatrone mit eutektischem Eis; K = Beeisungsöffnung.

Zum Transport von Kühl- und Gefriergütern verwendet man vorwiegend Kühlautos, Kühlwaggons und Kühlbehälter. Die Kühlbehälter (Abb. 6) haben den Vorteil, daß sie vom Transportweg unabhängig sind. Die Güte eines Kühltransportmittels hängt im wesentlichen von der Stärke seiner Isolierung, der Art des verwendeten Isoliermaterials (Kork, Iporka, Aluminiumfolie) und seinem Betriebszustand ab (dicht schließende Türen, trockene Isolierung). Sogenannte Thermoslastwagen sind meistens nur sehr mangelhaft isoliert. Der für eine bestimmte Transportzeit erforderliche Eisbedarf richtet sich nach den vorerwähnten Faktoren. Für Kühlware wird bei einer mittleren Außentemperatur von 15° je Isolierwaggon im Mittel etwa 400 kg Naßeis, für Gefrierware etwa die gleiche Menge Trockeneis im Tag erforderlich sein, nur bei Spezialbauarten und bei geringeren mittleren Temperaturunterschieden zwischen außen und innen ist der Eisbedarf geringer. Moderne Gefrierbehälter benötigen etwa 45 bis 55 kg Trockeneis im Tag, falls eine Temperatursteigerung des Gefriergutes über —12° vermieden werden soll (30° Temperaturunterschied); je nach der Empfindlichkeit des Gefriergutes kann man aber in solchen Behältern auch einige Tage (Gefrierobst, Gefriergemüse) bis zu etwa einer Woche (Gefrierfleisch) ohne Zusatzbeeisung transportieren, wenn die Ware mit mindestens —15° verladen wurde und im Anschluß an den Versand verbraucht wird, d. h. eine Weiterlagerung nicht in Betracht kommt.

Verpackungsmittel. Es ist zu unterscheiden: Normale Verpackung, seefeste Verpackung (für Seetransporte) und behelfsmäßige seefeste Verpackung (Verpackung für weite Strecken).

Die Versandkartons bzw. Kisten sind zum großen Teil genormt:

Bezeichnung bei der Wehrmacht	Inhalt	Innenmaße in mm		
		Länge	Breite	Höhe
Größe A große Einheitskiste	Leichte Lebensmittel, Bruttogewicht höchstens 30 kg	635	410	252
Größe B halbe große Einheitskiste	24 Dosen 850 g	410	305	252
Größe C kleine Einheitskiste	88 Dosen je 200 g 45 Dosen je 400 g (alte Art) 60 Dosen für Fischkons., spitzoval 40 Würfel Trockengemüse je 600 g 150 Dosen Schokolade je 100 g	455	274	248
Größe D Einheitskiste für 400-g-Dosen	45 Dosen je 400 g (neue Art)	510	310	195
Größe E Einheitskiste für Suppenkonserven	50 Würfel je 300 g 100 Portionen je 150 g	325	275	165
Größe F Einheitskiste für Schmelzkäse	39 Dosen je 500 g	445	310	215
Größe G kleine Einheitskiste für Sauerkraut	4 Dosen je 5 Liter 2 Dosen je 10 Liter	464	233	260
Größe H große Einheitskiste für Sauerkraut	12 Dosen je 2 Liter	485	320	215
Größe J Einheitskiste für Dauerbrot B u. C	20 Kartons mit je 20 Portionspackungen zu 600 g	435	420	280
	Seefeste Holzkisten mit Blecheinsatz			
Größe 1	erhalten Blecheinsätze	635	410	252
Größe 2	Lebensmittel verschiedener Art	455	274	248
	Seefeste Holzkisten ohne Blecheinsatz			
Größe 3	24 Dosen je 850 g	420	317	255
Größe 4	45 Dosen je 400 g	463	278	255
Größe 5	88 Dosen je 200 g	475	290	245

Vorschriften für die Herstellung der Holzkisten. Kisten zur Verpackung von Lebensmitteln müssen aus gesundem, völlig trockenem Tannen-, Fichten- oder Kiefernholz hergestellt werden. Lockere oder ausfallende Äste müssen ausgebohrt und durch eingeleimte gesunde Holzteile ersetzt werden. Größere quer im Holz sitzende (sogenannte Säbeläste) sind nicht zulässig. Das Holz muß frei von durchgehenden Rissen sein. Wurmstichiges und harziges Holz ist nicht verwendbar. Bei Wänden, die aus mehreren Brettern bestehen, müssen die einzelnen Bretter (parallel oder konisch scharfkantig gesäumt) gefügt und verleimt oder genutet, gefedert und verleimt sein. (Bei seefesten Kisten mehrteilige Wände nur genutet, gefedert und verleimt.) Bretter der Größen A bis J und 3—5 müssen einseitig außen, der Größen 1 und 2 zweiseitig gehobelt oder geglättet sein.

Stärke der Bretter nach Hobelung bzw. Glättung:

Größe A Kopfwand mindestens 14 mm, Seitenwand, Deckel und Boden mindestens 12 mm,

Größe B—J Kopfwand mindestens 12 mm, Seitenwand, Deckel und Boden mindestens 10 mm,

Größe 1—5 Kopfwand mindestens 18—20 mm, Seitenwand, Deckel und Boden mindestens 15—18 mm.

Zur Vernagelung werden am besten angerostete Nägel verwendet; Stärke etwa 20—22 und 35—47 mm je nach Stärke der Bretter.

Kopfstücke der Kisten für Flaschen (diese straff mit Stroh-, Papp- oder Korbhülsen überzogen) sind zweckmäßigerweise aus Buchenholz zu fertigen.

Die Größen 1 und 2 (für Tropen) erhalten Einsatzkästen aus Weißblech zum Schutz gegen Termiten. An Stelle von Weißblech können bei trockenen Lebensmitteln, wie Hülsenfrüchte, Reis, Teigwaren, Rauchwaren, Trockengemüse und dergleichen Einsätze aus lackiertem verzinktem Schwarzblech treten.

Vorschriften für die Herstellung von Pappkartons. Pappkartons sind für seefeste und behelfsmäßig seefeste Verpackung nicht geeignet. Zur Herstellung kann Leder- oder Wellpappe verwendet werden. Größe A ist aus Pappe nicht einsatzfähig.

Material Größe B—D und F—J für Lederpappe mindestens 1800 g/qm schwer, Pappendicke mindestens 2,6 mm und Größe E mindestens 1400 g/qm schwer, Pappendicke mindestens 1,8 mm. Berstfestigkeit allgemein mindestens 5,5—6 kg/qcm.

Material aller Größen für Wellpappe als Stulpkarton, Innenseite der Wellpappe aus Natronkarton, Qualität NW I, Gewicht mindestens 300 g/qm, Gewicht der Wellpappe mindestens 1000 g/qm, Innenringeinsatz für Stulpkarton aus Normalwellpappe; Qualität NW III im Gewicht von mindestens 200 g/qm, für Decke und Innenseite. Gewicht der Wellpappe mindestens 750 g/qcm.

Als Faltschachtel mit Ringeinsatz. Rohstoff NW I, Mindeststärke jeder Außendecke 250 g/qm. Gewicht der Wellpappe mindestens 750 g/qm.

Für alle Qualitäten kommt eine Wellpape zur Verarbeitung im Gewicht von 180 g/qm. Berstfestigkeit 3—3,5 kg/qm.

Zur Herstellung von Kartons in nicht genormten Größen ist ein Material aus Lederpappe zu verwenden, das für Kartons bei einem Füllgut bis höchstens 5 kg mindestens 720 g/qm, von etwa 5 bis etwa 17 kg mindestens 1400 g/qm, über etwa 17 kg mindestens 1800 g/qm schwer sein muß.

Für nicht genormte Kartongrößen aus Wellpappe soll das Material wie für Faltschachteln verwendet werden.

Die Kartons müssen mit einem Klebestreifen von mindestens 60 mm Breite verschlossen werden.

Kisten und Kartons sind ferner zusätzlich an beiden Kopfenden mit Bandeisen bzw. Eisen- oder Stahldraht zu verschnüren, und zwar: Holzkisten mit Eisen- bzw. Stahlband, mindestens 10/0,45 mm, oder Eisen-

Papier	Dampfdichte	Luftdichte	Wasserdichte	Fettdichte	Widerstandsfähigkeit gegen schwache Säuren u. Alkalien	Festigkeit trocken	Geschmeidigkeit
1. Zellglas (nicht lackiert)	schlecht	sehr gut	mäßig	sehr gut	gut	gut	sehr gut
2. Zellglas (wetterfest)	sehr gut	sehr gut	sehr gut	sehr gut	gut	gut	sehr gut
3. Kunststoffolie Luvitherm	sehr gut	sehr gut	sehr gut	sehr gut	gut	sehr gut	ausgezeichnet
4. Wachspapier	sehr gut bis mäßig	sehr gut bis mäßig	sehr gut bis schlecht	sehr gut	gut	gut	mäßig bis schlecht
5. Pergament	schlecht	gut	gut	sehr gut	gut	gut	schlecht
6. Perop-Pergament 7. Spewa-Pergament	sehr gut bis gut	sehr gut	sehr gut	sehr gut	gut	gut	schlecht
8. Pergamin 9. Pergamentersatz	schlecht	gut	schlecht	gut (kurze Zeit)	schlecht	ziemlich schlecht	schlecht
10. Zellulosepapier	sehr schlecht	schlecht	sehr schlecht	sehr schlecht	sehr schlecht	gut	schlecht
11. Hydroloid	schlecht	gut bis schlecht	sehr gut	gut	schlecht	gut	schlecht
12. Kraftpapier	sehr schlecht	schlecht	schlecht	sehr schlecht	sehr schlecht	sehr gut	schlecht
13. Alu-Folie (kaschiert mit Papier)	sehr gut	sehr gut	sehr gut	sehr gut	je nach Kaschierung gut oder schlecht	allein ziemlich schlecht, je nach Kaschierung besser	allein ausgezeichnet, je nach Kaschierung schlechter

Eignung für:

1. Für Feuchtigkeit unempfindliche Nahrungsmittel, bei denen auf Durchsichtigkeit des Packmaterials Wert gelegt wird.

2. und 3. Für Feuchtigkeit empfindliche Nahrungsmittel.

4. Für Feuchtigkeit empfindliche Nahrungsmittel, aber schlechtere Dampfdichtheit des Verschlusses.

5. Zum Verpacken von Fetten jeder Art oder fetthaltiger Nahrungsmittel (Butter, Margarine, Käse) außerdem von Fischen.

6. Wie 4.

7. Wie 4., jedoch nicht in direkter Berührung mit Nahrungsmitteln, sondern nur als Außenhülle.

8. Wie 5., jedoch nur kurzzeitig wasserfest.

9. Wie 5., jedoch nur kurzzeitig wasserfest.

10. Für feuchte, fette und hygroskopische Nahrungsmittel weniger brauchbar.

11. Zum Einschlagen von Fischen und wie 5.

12 Kräftiges Sackpapier für vollkommen unempfindliche Füllgüter.

13. Wie 2., aber außerdem noch Lichtdichtigkeit und stärkeres Anliegen an das Lebensmittel (z. B. für Schmelzkäse wichtig), dagegen im Verschluß ungünstiger.

bzw. Stahldraht, mindestens 1,4 mm; Pappkartons mit Eisen- bzw. Stahlband, mindestens 10/0,45 mm.

Bei Fässern muß die Stärke und Zahl der Bereifung der Größe entsprechen.

Säcke müssen bei Seetransporten doppelt genäht werden, da die Nähte leicht einreißen. Am besten verwendet man 2 Säcke ineinander, in welchen der innere geknotet, der äußere dicht vernäht wird. Der innere Sack kann behelfsmäßig aus mindestens vierfach geklebtem Papier bestehen.

Die Dampfdichtheit des Verpackungsmaterials, dem eine besondere Bedeutung dann zukommt, wenn man gezwungen ist, die Lebensmittel unter ungünstigen atmosphärischen Bedingungen zu lagern, ist bei den verschiedenen Papierarten völlig abweichend. Eine ungefähre Orientierung läßt sich aus Zahlentafel (siehe S. 21) gewinnen. Das Verpackungsmaterial darf nicht zu trocken lagern, da es sonst zu spröde wird und beim Packen Schwierigkeiten bereitet; eine relative Feuchtigkeit von 65—70% ist günstig.

Natürlich ist die Dichtheit des Verschlusses nicht weniger wichtig wie die des Verpackungsstoffes.

Backwaren.

Brot, insbesondere Dauerbrot[1].

Hauptveränderungen. Bei hoher relativer Feuchtigkeit, insbesondere bei hohen Temperaturen sowie bei Rißbildung in der Krume besteht Gefahr von Schimmelpilzwachstum. Besonders gefährdet ist verpacktes Brot, Schnittbrot und sog. angeschobenes Brot mit nur 2 Krustenseiten. Freigeschobene Brote sind besser haltbar. Keinesfalls soll der Wassergehalt des Kommißbrotes 46—47% überschreiten; derjenige der Kruste ist erheblich niedriger. Das Brot muß nach dem Backen rasch abkühlen. Zu diesem Zweck muß es nach dem Backen zunächst einen Tag mit fingerbreitem Abstand in einem kühlen, luftigen, sauberen Raum liegen; erst dann wird es zusammengeschoben. Austrocknen und Rissigwerden des Brotes bei niedrigen Feuchtigkeitsgraden der Umgebungsluft wird beschleunigt durch warme Lagerung und starke Belüftung. Geeignete Lagerung in Brotbehältern bewirkt längere Genußfähigkeit des Brotes; Behälter dürfen nicht völlig luftdicht sein.

Bei Normalbroten aus dunkleren Mehlen und mit Anteilen von Getreidekeimlingen kann bei längerer Lagerung ein etwas strenger und bitterer Geschmack auftreten. Dem Altbackenwerden des Brotes (Geschmackseinbuße, bröcklige Struktur) liegt insbesondere eine Umwandlung der Stärke in eine andere Modifikation (geringere Wasserbindung) zugrunde. Während sich diese Veränderung nicht vermeiden läßt, kann das Wachstum von Schimmelpilzen und das Austrocknen durch folgenden Prozeß verhindert werden:

Backtechnisch richtige, hygienische Herführung der Teige und des Backprozesses (!), wasser- und dampfdichte Verpackung, Sterilisation des verpackten Brotes bei 85° Innentemperatur. Die Verpackung dient zur Verhinderung der Wasserabgabe und zum Schutz gegen das Eindringen von Mikroorganismen.

Verpackung. Dauerbrot in Dosen; Wittler Dauerbrot in wetterfestem Zellglas, darüber kaschierte Aluminiumfolie und Packpapier, dann wasserdichter Umkarton. Heeresdauerbrot: Doppelwachspapier, dann wetterfestes Zellglas, darüber Packpapier, dann wasserdichter Umkarton.

Günstigste Lagerbedingungen. Gewöhnliches Brot kann bei Gefriertemperatur längere Zeit in guter Qualität gehalten werden, und zwar bei —22° bis zu 20 Tagen frisch und bis zu 40 Tagen genußfähig, bei —11° bis zu 3 Tagen frisch. Zur Vermeidung einer Feuchtigkeitsaufnahme beim Auftauen ist mindestens eine wasserdichte, besser eine wasserdampfdichte Verpackung erforderlich.

---

[1] Vergleiche hierzu auch das Merkblatt Nr. 8 des Instituts für Bäckerei, Berlin N 65.

Lagertemperatur für *Dauerbrot* + 10 bis + 15°, wenn möglich bei + 5° lagern. Günstigste relative Luftfeuchtigkeit *unter* 70%, da sonst Gefahr des Durchwachsens von Schimmelpilzen durch die Verpackung besteht. Die Kartons zu 12 kg (20 Portionen) nicht dicht, sondern mit 2—3 cm Abstand lagern. Auf jeden Fall Lagerrost verwenden. Die Dauerbrotverpackung darf keinesfalls beschädigt oder feucht werden, da sonst in kürzester Zeit Verderb möglich ist, weshalb z. B. ein Transport in offenen Lastwagen vermieden werden muß. Angebrochene bzw. verletzte Packungen müssen in 2—3 Tagen verbraucht werden.

Transport. Versandfähiges Brot muß mindestens 2 Tage alt sein. Waggons für Brotversand müssen geruchlos sein. Die Stirnseiten der Wagen werden zur Vermeidung von Rangierstößen zweckmäßigerweise mit Stroh ausgepolstert.

Haltbarkeit. Wittler Dauerbrot hält sich bei trockener (und kühler) Lagerung etwa $^1/_2$ Jahr; Heeresdauerbrot A etwa 3 Monate. In den Tropen 60 bzw. 40 Tage.

Stapelfähigkeit. 2 m hoch (eben noch möglich) etwa 1 t/qm für Dauerbrot.

Knäckebrot.

Hauptveränderungen. Knäckebrot ist trockenes, dünnes Vollkorn-Flachbrot, durch gute Lockerung leicht und knusprig mürbe, nicht „hart“. Es ist kein Zwieback, sondern *Brot*, also nicht etwa geröstet, sondern nur gut durchgebacken, kommt mit etwa 20% Feuchtigkeit aus dem Backofen und wird dann bei etwa 45° getrocknet auf einen Wassergehalt von etwa 6,5%.

Knäckebrot zieht Feuchtigkeit aus der Luft an und wird dadurch zunächst statt spröde biegsam, im weiteren Verlauf weich und pappig und damit fast ungenießbar.

Feucht gewordenes Knäckebrot kann wieder nahezu einwandfrei werden, wenn die Feuchtigkeitsaufnahme nicht zu hoch ist und die Lagerung im feuchten Zustand nicht zu lange gedauert hat, durch Nachtrocknen (nicht rösten!) in milder Wärme.

Bei längerer Lagerung unter ungünstigen Bedingungen nimmt Knäckebrot leicht einen alten, muffigen, dumpfen Geschmack an (welcher dann auch durch Nachtrocknen nicht völlig beseitigt werden kann), und kann auch verschimmeln.

Wie alle Dauerbackwaren kann Knäckebrot von Ratten, Mäusen und den anderen bekannten tierischen Schädlingen befallen werden.

Durch die hohe Trockenheit und die mit richtiger Zubereitung und Lockerung zusammenhängende, für angenehmes Kauen richtige Mürbe ist gutes Knäckebrot sehr zerbrechlich. Die Gefahr des Zerbrechens und Zerkrümelns besteht bei unvorsichtigem Transport, nicht genügender Verpackung oder zu hoher Stapelung.

Der normale Wassergehalt beträgt nach der Herstellung etwa 6,5%. Diesen Durchschnittsgehalt müssen im Lieferzustand 90% aller Stichproben zeigen, dabei keine Probe über 8,5%. Als höchst zulässiger

Wassergehalt ist 10—11% anzusehen. Bei über 12% besteht Gefahr von Schimmelpilzwachstum.

Beurteilung. Die einzelnen Knäckebrotscheiben müssen zu gleichmäßiger Beschaffenheit und feinwandiger Porosität nicht zu schnell ausgebacken sein, dürfen also keine Krustenbildung zeigen. Oberfläche glatt, streumehlfrei und in Farbe von warmem Hellbraun. Unterseite soll wenig und nur angebackenes, kein loses Streumehl zeigen. Das Brot darf nicht „verbrannt", also nicht „röstbraun", geschweige denn (an den Rändern) schwarz sein.

Es darf aber auch nicht ungenügend ausgebacken sein — also mehr oder weniger nur getrockneter Teig — denn dann ist das Brot wenig haltbar und im Geschmack unbefriedigend, auch schlecht zu kauen, weil glasig hart. Das ist zunächst nicht ganz leicht erkennbar, geübt sieht man es aber schon an der „leblosen" grauen Farbe und an der dickeren Wandung der Poren im Bruch, fühlt es an der härteren, knochigeren, nicht mürben Konsistenz und schmeckt es.

Verpackung. a) *Kleinpackung.* 4 Doppelscheiben werden in Kartons von je $^1/_8$ kg Nettoinhalt verpackt, die mit möglichst wasserdampfdichtem Papier ausgelegt bzw. besser umhüllt und verklebt werden. Evtl. auch Beutel aus wetterfestem Papier. Für die Tropen kommen die Einzelpackungen in verlötete Kisteneinsätze aus Blech.

b) *Großpackung.* Je 120 Kleinpackungen werden in einen Panzerwellkarton zu 15 kg Inhalt verpackt, der mit einem dampfdicht verschlossenen Beutel aus Kraftpapier mit einer Zwischenlage möglichst aus wetterfestem Zellglas versehen ist. Diese Packung erscheint für eine Dauerlagerung besonders geeignet.

Lagerung. Knäckebrot muß unbedingt trocken bei einer relativen Luftfeuchtigkeit unter 60% und bei einer Umgebungstemperatur zwischen 18 und 30° gelagert werden. Keller sind als Lagerräume ungeeignet.

Knäckebrot darf nicht mit feuchten Gütern, z. B. frischem oder altem Laibbrot, Kuchen, Kleingebäck, Butter, Käse oder dgl. zusammenlagern.

Es soll grundsätzlich nicht direkt auf dem Boden (Erde, Steinboden), sondern auf geruchfreiem Holz, am besten Holzrosten, gelagert werden.

Solange Knäckebrot keine Feuchtigkeit angezogen hat, soll es dicht gestapelt werden.

Alle 2 Monate muß es zur Feststellung von Schädlingsnestern umgestapelt werden.

Haltbarkeit. Bei *einigermaßen* richtiger Lagerung hält sich Knäckebrot in voller Güte 6 Monate bis 1 Jahr, bei *völlig* richtiger, die praktisch nur in entsprechendem Außenklima möglich ist, 2 Jahre und länger. Bei falscher, also feuchter Lagerung kann es schon nach 1 Monat verschimmeln oder einen dumpfen Geschmack annehmen.

Stapelfähigkeit. Höhe 2,1 m (= 5 Reihen) 0,51 t/qm, in Beuteln verpackt etwa die Hälfte. Höchstzulässige Stapelung 6—8 Reihen.

Dauerbackwaren.

Vorbemerkung. Auf Oblaten gebackene Lebkuchen (Mandelkuchen, weiße Lebkuchen) sind wegen ihres hohen Gehaltes an Mandeln bzw.

Haselnüssen keine Dauerbackwaren, Haltbarkeit nur einige Wochen. Länger haltbar sind Honigkuchen (weiche Stücke nach Braunschweiger oder ostfriesischer Art), Keks und Zwieback, braune Lebkuchen.

Hauptveränderungen. Befall durch Brotkäfer, Mehlmotte, Ameisen, Mäuse und Ratten. In zweiter Linie Gefährdung durch Feuchtigkeitsaufnahme. Auftreten eines alten, muffigen Geschmacks (abhängig von der Mehlqualität), Verlust an Knusprigkeit (Weichwerden). Bei starker Feuchtigkeitsaufnahme Wachstum von Schimmelpilzen (insbesondere Oblatenlebkuchen). Butter- und margarinehaltige Dauerbackwaren neigen zum Talgig- und Ranzigwerden; bei Verwendung von Erdnußöl und von hydriertem Sojabohnenöl ist diese Gefahr geringer, bei Baumwollsaatöl auch bei Belichtung anscheinend am geringsten. Waffeln erhalten bei zu langer, insbesondere zu feuchter Lagerung einen seifigen Geschmack. Bei allen Dauerbackwaren besteht Gefahr des Krümelns bei unvorsichtigem Transport und bei nicht genügend fester Verpackung insbesondere bei Zwieback, Waffeln und Weichkeks, am wenigsten bei braunen Lebkuchen. In warmen Räumen trocknen Dauerbackwaren aus und verlieren an Wohlgeschmack. Dauergebäcke sind gegen fremde Gerüche empfindlich.

Von Einfluß auf die Haltbarkeit ist, ob der Teig einwandfrei verarbeitet ist, die Stücke nicht zu dick sind und nicht zu schnell gebacken bzw. daß sie gut durchgebacken wurden.

Verpackung. Keks häufig in Rollen aus Pergamentersatz- oder aus Zellulosepapier, außerdem in Wellpappe. Besser verschließen lassen sich viereckige Hartkeks, dabei hat sich die Verwendung von Wachspapier bzw. von wetterfestem Zellglas bewährt. Eine bewährte Hartkekspackung besteht aus einer inneren Hülle aus doppelseitig gewachstem Papier, dann einem Faltkarton mit Spezial-Imprägnierung und Papierschutzumschlag. Zwieback häufig in unverschlossenen bzw. besser in verschlossenen Pergaminbeuteln und außerdem in Wellpappekartons; besser in Beuteln aus Aluminiumfolie mit Zellulose- oder mit Pergamentersatzpapier kaschiert oder in versiegelten Beuteln aus wetterfestem Zellglas. Lagerung in Blechdosen, die mit Leukoplast abgedichtet sind, oder noch besser in verlöteten und evakuierten Weißblechdosen ist besonders günstig, insbesondere für die Tropen. Gut für den Seetransport sind auch mit Blech ausgeschlagene Holzkisten geeignet.

Lagerung. Keine höheren Lagertemperaturen als 15°, insbesondere nicht bei butter- bzw. margarinehaltigen Backwaren. Bei dampfdichter Packung, bei welcher die Gefahr des Feuchtwerdens des Inhaltes beim Auslagern gering ist, ist möglichst kühle Lagerung zweckmäßig. Jedenfalls vor Sonnenbestrahlung schützen (Gefahr des Talgigwerdens). Wenn nicht in dampfdichter Packung, dann relative Feuchtigkeit im Lagerraum nicht über 40—60%, dichte Stapelung.

Zweckmäßig erscheint die Verwendung eines dampfdichten und verklebten bzw. versiegelten Einsatzbeutels in den Hartpappe-Karton bzw. in die Kiste.

Regelmäßige Durchsicht der Bestände; auf Löcher in den Packungen achten und auf Käfer am Boden der Packungen. Geschmacksprobe (muffig-alt, ranzig). Beim Auftreten von Ungeziefer wie bei Kakaoerzeugnissen vorgehen.

Lagerungsfähigkeit. Braune Lebkuchen und Honigkuchen 1 bis $1^1/_2$ Jahre. Keks und Zwieback 6 Monate bei Kälte und im Gebirge, 3 Monate normal, 2 Monate am Meer, an Seen und Flüssen. Waffeln 2—4 Monate.

Stapelfähigkeit. Abhängig von der Festigkeit der Außenpackung. Keks in Rollen: mindestens 1,8 m hoch, 0,35 t/qm. Keks rechteckig: 1,8 m hoch, 0,45 t/qm. Zwieback in Beuteln: 1,9 m hoch, 0,25 t/qm.

Bier (Dauerbier).

Hauptveränderungen. Verderb des Bieres durch Milchsäurebakterien oder durch Sarcinien als Folge von Infektionen bei der Herstellung. Das Bier beginnt sich zu trüben und wird schlecht im Geruch und Geschmack (Sauerwerden). Bei zu langer Lagerung wird das Bier zu alt und verliert an Geschmack; in Fässern tritt auch leicht eine Qualitätsverschlechterung durch Kohlendioxydabgabe bei übermäßig langer Lagerung ein. Wegen des temperaturabhängigen Lösungsvermögens der Kohlensäure ist Bier auch gegen Temperaturschwankungen empfindlich. Bei Temperaturen unter 5° können insbesondere bei hellen Bieren Kältetrübungen (Eiweißausscheidungen) entstehen, die einen Schönheitsfehler vorstellen. Pasteurisiertes Bier kann je nach dem Herstellungsverfahren Pasteurisiertrübungen sowie einen Pasteurisiergeschmack (Brotgeschmack) aufweisen. Auf die Geruchsempfindlichkeit von Bier muß bei Faßbierlagerung Rücksicht genommen werden. Auch mit Metallen (z. B. Zinn) darf Bier nicht in Berührung kommen.

Einfluß der Herstellung. Die peinlichste Sauberkeit im Betrieb (Hefereinzucht, sterile Lüftung und dgl.) ist Voraussetzung für eine gute Haltbarkeit. Deshalb sind Biere aus Brauereien mit biologischer Betriebskontrolle denen aus Landbrauereien überlegen. Außerdem hat auch noch die Art und der Eiweißgehalt der Gersten, der Eiweißabbau beim Mälzen und im Sudverfahren und die Zusammensetzung des Wassers Einfluß.

Pasteurisierte bzw. mittels Entkeimungsfiltern steril abgefüllte Biere (Dauerbiere) sind unabhängig von der Lagertemperatur, z. B. in V2A-Fässern oder in Flaschen, etwa 2 Jahre haltbar. Amerikanische Brauereien haben als Dauerbier Büchsenbiere eingeführt, doch ist in Deutschland die Herstellung eines hierfür völlig geeigneten Lackes noch nicht gelungen.

Lagerbedingungen und Haltbarkeit. Bei Kellertemperaturen von 6 bis 8° nimmt man für normale Qualitätsbiere in Fässern oder Flaschen, die sauber abgefüllt wurden, eine Haltbarkeit von etwa 2 Monaten an. Infektionen treten meist in den ersten Wochen in Erscheinung. Bei Zimmertemperatur hält sich Flaschenbier ohne Geschmacksverschlechterung etwa 1 Woche. Dabei ist helles Bier wegen seines höheren Hopfengehaltes im allgemeinen länger haltbar als dunkles Bier. Bierkeller sollen sauber und geruchfrei sein und ausschließlich zur Aufbewahrung von Bier dienen. Unabhängig von den angegebenen Haltbarkeitszeiten soll gewöhnliches Bier alsbald nach der Anlieferung ausgeschenkt werden. Lang haltbares, pasteurisiertes Bier soll wegen der Gefahr von Trübungen keinen tieferen Temperaturen als +4° ausgesetzt werden; sowohl bei Gefriertemperaturen wie auch bei hohen Temperaturen können sie stark auftreten. Flaschenbier, das Gefriertemperaturen ausgesetzt war (Gefrierpunkt —3°) und dadurch trüb geworden ist, soll einige Tage bei 8 bis 10° stehen. Vor direktem Sonnenlicht muß Flaschenbier geschützt werden, weil es sonst einen sog. „Lichtbeigeschmack" annimmt. Flaschenbier ist stehend aufzubewahren. Für den Ausschank von Faßbier ist außer einer Vorlagerung von 1—2 Tagen bei den angegebenen Temperaturen, das Abfüllen mit Kohlensäure, also unter Ausschluß von Sauerstoff, wichtig, wenn das Faß nicht an einem Tage völlig ausgeschenkt wird. Günstigste Schanktemperatur 8 bis 10°. Bezüglich Bierdruck-Apparat-Leitung und deren Reinigung vergleiche Merkblatt der Versuchs- und Lehranstalt für Brauerei in Berlin. Bier darf nur in völlig sauberen Gläsern ausgeschenkt werden, selbst geringe Spuren von Fett an den Gläsern zerstören den Schaum.

Transport. Für den Versand von Faßbier auf weite Strecken müssen beeiste Kühlwagen verwendet werden.

Stapelfähigkeit. Ohne Berücksichtigung der Gänge in Fässern zu 50 l etwa 4 hl/cbm. Dauerbier in Kisten 2,4—2,8 hl/cbm bzw. 650 bis 750 kg/cbm mit Verpackung[1].

Bohnenkaffee und Kaffee-Ersatz.

Hauptveränderungen. Besonders nachteilig ist die beim Lagern von *geröstetem* Bohnenkaffee auftretende Einbuße an Aroma (flach, alt). Damit Hand in Hand gehen Umwandlungen aromatischer Substanzen; im Lauf der weiteren Lagerung ist auch ein Ranzigwerden des Kaffeeöles möglich. Koffeinfreier Röstkaffee erleidet diese Veränderungen rascher als koffeinhaltiger Röstkaffee. Zu warme und zu feuchte Lagerung sind für die Aromaerhaltung gleich ungünstig. Gemahlener Kaffee ist für Lagerzwecke ungeeignet. Der zur Ablieferung gelangende Kaffee hat meist 1,5—2,2% Wasser. Röstkaffee, der mehr als 5% Wasser enthält, hat immer auch im Aroma stark gelitten.

Auch *Kaffee-Ersatz* ist hygroskopisch und läßt sich nach stärkerer Feuchtigkeitsaufnahme nur noch schlecht mahlen. Wassergehalt bei der Ablieferung meist 2,5—3,5%. Roggen-, Malz- und Gerstenkaffee unterlaufen außerdem Alterungsprozesse, die sich im Geschmack ausdrücken. Bei Roggen- und Gerstenkaffee kann ziemlich unabhängig von der Dichtheit der Verpackung ein Ranzigwerden des Fettes eintreten. Zichorie, die an sich sehr haltbar ist, kann bei hoher Feuchtigkeit sauer, bei zu niedriger Feuchtigkeit hart werden. Auch bei Feigenkaffee ist ein Sauerwerden möglich. Kaffee-Ersatz-Essenz (Karamel) ist

[1] Sämtliche Angaben über Stapelfähigkeit sind in diesem Buch ohne Berücksichtigung der Gänge gemacht und enthalten, wenn nicht ausdrücklich anders angegeben, auch bereits das Gewicht der üblichen Verpackung.

besonders stark hygroskopisch und wird selbst bei geringer Feuchtigkeitsaufnahme steinhart.

Während Röstkaffee weitgehend ungezieferfest ist, unterliegen alle Kaffee-Ersatzsorten dem Mäusefraß. Wird die Zichorie durch Zuckerrüben ersetzt, so steigt hierdurch die Mäusegefahr. Andere tierische Schädlinge (Brotkäfer, Diebkäfer) sind bei Getreidekaffee nur zu befürchten, wenn das Getreide nicht genügend geweicht und geröstet wurde; stärker anfällig ist nur Feigenkaffee (Dörrobstmotte). Rohkaffee kann durch den Kaffeebohnenkäfer befallen werden.

Kaffee und Kaffee-Ersatz sind empfindlich gegen fremde Gerüche. Röstkaffee soll bei der Zubereitung nicht mit Metallen in Berührung kommen.

Einfluß der Herstellung. Gewaschener blauer Rohkaffee (Guatemala, Costarica, Mexiko) ist nicht so haltbar wie ungewaschene Sorten (Santos, Rio, Victoria, Robusta). Scharfes Rösten bedingt raschen Aromaverlust und geringe Haltbarkeit. Für die Lagerung geeigneter Kaffee soll nicht zu stark (übergar) geröstet sein. Dem Glasieren des Röstkaffees wird eine verlängerte Aromaerhaltung zugesprochen.

Verpackung. Röstkaffee als Kleinpackung in Beuteln aus mit Zellulosepapier kaschierter Aluminiumfolie oder Doppelbeutel, innen Pergamentersatz, außen Zellulosepapier. Für Großverbraucher in Jutesäcken zu 60—90 kg, die möglichst mit einem dampfdichten Papiersack ausgekleidet werden oder in Papiersäcken, die mit Pergament-Ersatzpapieren ausgelegt sind. Röstkaffee für Sonderzwecke in verlöteten Blechdosen, die evakuiert werden; in USA. in mit Kohlendioxyd gefüllten, versiegelten Beuteln aus „Pliofilm“. Kaffee-Ersatz in Säcken aus Jute oder aus Papier, in Papierbeuteln, die mit Pergamentersatz gefüttert sind und in Faltschachteln mit Beuteln aus Zellulosepapier; dies sind jedoch keine dampfdichten Verpackungen. Zichorie in Kleinpackungen mit nicht mehr als 500 g Kaffeezusatz-Essenz soll nur in luftdicht abgeschlossenen Blechdosen gelagert werden.

Lagerung. Da Bohnenkaffee wegen seiner anregenden Wirkung und wegen der beim Rösten entstehenden Aromastoffe getrunken wird, muß die Verflüchtigung und Veränderung dieser Aromastoffe in erster Linie bekämpft werden. Dies gelingt durch Lagerung von Röstkaffee in Blechbüchsen bei niedrigen Temperaturen. Öffnen der Büchsen dabei erst nach dem Anwärmen derselben auf Umgebungstemperatur. Bei langer Lagerung soll Röstkaffee entweder in Gefrierlagerräume kommen oder aber, da die Veränderungen weitgehend oxydativer Natur sind, im Vakuum bzw. in inerten Gasen aufbewahrt werden. Aber auch vakuumverpackter Röstkaffee erleidet in der Hitze Aromaverluste. Bombagen von Dosenkaffee sind harmlos. Besonders rasch erfolgt die Verflüchtigung der ätherischen Öle bei gemahlenem geröstetem Bohnenkaffee. Kaffee in angebrochenen Säcken altert ebenfalls schneller.

Günstigste Lagertemperatur von Rohkaffee und Röstkaffee 0 bis 20°, jedoch nicht über 30°. Ohne Temperatur- und damit Feuchtigkeitsschwankungen, relative Feuchtigkeit 40%, nicht über 65%. Luftbewegung nicht erforderlich. Das Beschlagen von Säcken bei Überführung auf wärmere Temperaturen muß vermieden werden (vgl. Getreide und Abb. 4). Lagerung nicht unmittelbar auf dem Steinboden, sondern auf Rosten oder auf Bohlen. Dies gilt auch für Kisten oder Kartons, in welchen Kaffee-Ersatz lagert.

Haltbarkeit. Gewaschener Rohkaffee 1—(2) Jahre; ungewaschener Rohkaffee mehrere Jahre, lediglich Gewichtsverlust; Röstkaffee in gewöhnlichen Papierpackungen 2 Wochen; Röstkaffee in aromadichten Packungen 1 Monat; gemahlener Röstkaffee mit Zichorie und Karamel in Preßpackung dampfdicht verschlossen höchstens 1 Jahr; gerösteter Bohnenkaffee in Vakuumverpackung bei Umgebungstemperatur oder aber in luftdichten Dosen im Gefrierlager 2 Jahre; gerösteter Bohnenkaffee in gasdichter Folienverpackung, in welcher die Luft weitgehend beim Füllen durch CO_2 verdrängt worden ist, etwa $^1/_2$ Jahr. Gerstenkaffee (3)—6 Monate; Malzkaffee (6)—12 Monate; Zichorienkaffee 1—(2) Jahre. Die Aufbewahrung von Weizenkaffee ist nicht zu empfehlen;

Stapelfähigkeit. Kaffee in Dosen zu 2,5 kg: 10 Dosen im Karton 1,4 m hoch etwa 300 kg/qm. Kaffee in 60 kg Säcken 1,5 m hoch etwa 580 kg/qm; Lagerung aber je nach Tragfähigkeit bis zu 80 Säcken übereinander möglich.

Brühwürfel und Suppenwürfel.

Hauptveränderungen. Brühwürfel bestehen aus Kochsalz, Aminosäuren, Fett und Gewürzen. Hiervon ist nur der Fettanteil durch Talgigwerden, insbesondere bei Luft- und Lichtzutritt verderblich. Wichtig ist, daß der Wassergehalt möglichst unter 2% liegt und auch bei langer Lagerung nicht über 4—6% ansteigt. Wegen der außerordentlich starken Hygroskopizität der Ware muß die Verpackung dampfdicht sein. Gemüsesuppen erleiden eine geschmackliche Einbuße durch Talgig- und Ranzigwerden; zu Feuchtigkeitsaufnahme neigen sie nicht in dem Maße wie Brühwürfel, sind aber in der üblichen Verpackung einer Gefährdung durch Brotkäfer, Diebkäfer, Mehlmotte und dgl. ausgesetzt.

Verpackung. Brühwürfel in gefärbtem Pergaminpapier, weiterhin luft- bzw. dampfdicht verschließbare lackierte Schwarzblechbüchsen oder Gläser mit eingeschliffenem Deckel. Suppen üblicherweise in gewachstem Pergaminpapier oder innen wetterfestes Zellglas, außen echt Pergament; am besten wohl in kaschierter Aluminiumfolie.

Haltbarkeit und Lagertemperatur. Brühwürfel sind bei Temperaturen unter 30° in hermetisch abschließender Packung $1^1/_2$—2 Jahre haltbar. Flüssige Würze ist bei dunkler Lagerung praktisch unbegrenzt haltbar. Suppenwürfel $1^1/_4$—$1^3/_4$ Jahre, und zwar Erbsensuppe am längsten; zweimal jährliche Durchsicht auf tierische Schädlinge ist hierbei erforderlich. Zur Vermeidung von Fettveränderungen sollen Suppenwürfel nicht bei Temperaturen über 25—30° gelagert werden.

Stapelfähigkeit. Je nach Art der Verpackung 1—1,5 t/qm.

Dosenkonserven.

(Fleisch, Fische, Obst und Gemüse, Milch.)

Hauptveränderungen. Es handelt sich dabei vorwiegend um Herstellungsfehler. Man unterscheidet folgende Veränderungen:

1. Echte Bombagen[1]: Merkmal ist nicht eindrückbare Ausbeulung des Deckels bzw. Ausbeulung, die beim Aufhören des Druckes sofort wieder ausbeult. Häufig treten auch Schüttelgeräusche durch Verflüssigung des Inhaltes auf. Bei bakteriologischen Bombagen als Folge von Undichtheiten oder von mangelhafter Sterilisation, ist außerdem ein unangenehmer Geruch bemerkbar. Solche Bombagen rühren meist davon her, daß man versuchte, Kochzeit und Kochtemperatur auf ein Minimum zu beschränken, weiterhin von einem durch Wechsel in der Füllung bzw. der Konsistenz des Erzeugnisses oder durch Unachtsamkeit des Kochpersonals hervorgerufenen Untersterilisation, von einer unsauberen bzw. verzögerten Verarbeitung des Ausgangsmaterials, von Fehlern im Blech, Versagen des Dichtungsmaterials und besonders häufig nachträglich wegen schlechtem Verschluß (Versagen der Verschlußmaschine, mangelhafte Wartung, falsche Rollen, zu große Deckel und dgl.). Die Einlagerung undichter Dosen kann durch Beklopfen derselben mit einem Stahl weitgehend vermieden werden. Schüttelnde Fleischkonserven können auch dadurch verursacht sein, daß die gelierenden Bestandteile zu gering oder in der Wärme flüssig geworden sind.

Bei chemischen Bombagen durch Einwirkung organischer Säuren auf das Material der Innenwandung entwickelt sich Wasserstoff (puffende Flamme) und kein Geruch. Der Inhalt ist gegebenenfalls genießbar, die Dose aber unverkäuflich. Besondere Gefahr besteht bei Äpfeln, Erdbeeren, Sauerkirschen, Dosengurken, älterem Fleisch, das übermäßig sterilisiert wurde und dgl. Der chemische Angriff kann auch lokalisiert sein, z. B. auf Stellen, an welchen der Zinnbelag mangelhaft ist. Chemische Bombagen können insbesondere bei Schwarzblechdosen vor allem bei tropischen Temperaturen in den Vordergrund treten.

Verfärbung als Folge zu langer bzw. zu hoher Erhitzung, bakterieller Tätigkeit oder als Folge von Metalleinwirkung bei der Fabrikation oder in der Dose (Eisen auf Früchte, Kupfer auf Milch und dgl.). Die Verfärbung als Folge zu starker Temperatureinwirkung sowie infolge bakterieller Veränderungen besteht fast immer in einem Dunklerwerden.

2. Eine Scheinbombage entsteht beim Erhitzen jeder Dose, weil sich hierdurch der Inhalt ausdehnt und ein Hervorwölben im Deckel und Boden hervorgerufen wird. Wenn sich der Deckel zurückdrücken läßt, ist die Ware genießbar, doch ist auch bei Scheinbombagen der Deckel manchmal nicht eindrückbar, z. B. bei Blut- und Leberwurstkonserven, wenn die Wurstmasse lufthaltig war und erstarrt. Das gleiche kann der Fall sein, wenn der Inhalt stark zum Quellen neigt, wenn die Dosen zu stramm gepackt wurden und wenn der Inhalt vor der Füllung

[1] Lerche, W.: Bombagen in Dosenfleischwaren: Die Fleischwirtschaft **21**, Nr. 18. (1941) — Nehring, E.: Die Verwendung von oberflächengeschütztem Schwarzblech für Konservendosen, Braunschweig 1941.

eine leichte Gärung durchgemacht hat (Tomatenmark). Bei tropischen Temperaturen und bei Gefriertemperaturen entstehen durch die Ausdehnung des Inhaltes ebenfalls Scheinbombagen, und zwar um so stärker, je geringer die Profilierung des Deckels und des Bodens ist, also leichter bei Schwarzblechkonserven als bei Weißblech. Der Inhalt ist genießbar, soll aber bald verbraucht werden.

3. Anfressung und späterhin Zerstörung der Dosenwandung von außen her durch mechanische Verletzungen, durch fressende Chemikalien (auslaufende Dosen), durch Rost, insbesondere bei Schwarzblechkonserven.

4. Fremdgeschmack als Folge zu langer Vorlagerung bei warmer Witterung bzw. zu langer Zwischenlagerung zwischen Verschließen und Sterilisieren, z. B. bei Spargel, Mais, grünen Bohnen, hierbei saurer Geschmack. Bei Pfirsichen und Aprikosen bei zu langer Vorlagerung Altgeschmack, bei anderen Früchten modriger Geschmack. Auch durch mangelhaftes Abkühlen der Büchsen kann sich ein flachsaurer Geschmack ergeben. Die Säuerung von Spargel wird meist durch Milchsäureinfektion des Rohspargels hervorgerufen.

5. Breiige Konsistenz, wenn die Büchsen unausgekühlt gestapelt wurden, gleichzeitig dunklere Farbe und unangenehmer Geschmack. Besonders gefährdet sind Tomaten aber auch Erbsen. Die Veränderungen sind naturgemäß im Innern des Stapels größer als in den Randschichten.

Verpackung. Es werden heute folgende Werkstoffe verwendet: Weißblech, galvanisch verzinntes Blech, Schwarzblech (geschweißt oder mit Doppelfalznaht des Rumpfes maschinell hergestellt) mit folgenden Nachbehandlungsverfahren: Phosphatierungs- und Tauchverfahren (Bonder-Tauchverfahren), kombinierte Naht- und Spritzlackierung.

Lagerveränderungen. Herstellungsfehler machen sich in den ersten 4—6 Wochen der Lagerung bemerkbar, insbesondere wenn für die evtl. nicht abgetötete Bakterienflora besonders günstige Temperaturverhältnisse herrschen. Dies gilt auch für durch unsachgemäße Behandlung eingebeulte und beschädigte Dosen, die bei Schwarzblech in jedem Fall alsbald verbraucht werden müssen. Bei längerer Lagerung können chemische Veränderungen an der Innenwandung auftreten, und zwar bei sauren Konserven sowie bei hoher Lagertemperatur rascher. Ihre Häufigkeit hängt in jedem Fall von der Glätte und von der Güte des verwendeten Bleches, bei Schwarzblech von der Lackqualität (Haftfähigkeit, Reißfestigkeit, geringe Quellfähigkeit) ab, außerdem von der Art der Profilierung der Deckel. Das Äußere der Dose rostet insbesondere an den Fälzen und unter den Etiketten, wobei Verwendung feuchter Kisten, feuchte Lageratmosphäre und vor allem rasche Temperaturschwankungen besonders nachteilig wirken. Temperaturkonstanz im Lagerraum ist deshalb besonders wichtig. Liegt eine Notwendigkeit vor, feuchte Keller zur Lagerung zu verwenden, dann ist Wellpappe als Verpackungsmaterial wenig geeignet, da sie stark Feuchtigkeit anzieht, wodurch die Dosen rascher, insbesondere an den Berührungsstellen mit der Verpackung, rosten und die Festigkeit der Umkartons leidet. Insbesondere bei Schwarzblechdosen empfiehlt es sich unbedingt, beim Sterilisieren Rostschutzmittel zu verwenden. Auch dann sind die Dosen nur für eine kurzfristige Lagerung geeignet, für Pilze sowie für alle sauren Inhalte überhaupt nicht.

Mit einem wesentlichen Vitamin C-Verlust bei der Lagerung von Obst und Gemüse in Weißblechdosen ist im allgemeinen nicht zu rechnen.

Ölsardinen brauchen 4 Monate, bis sich ein geschmacklicher Ausgleich zwischen dem Aufgußöl und dem Fett der Fische eingestellt hat.

Günstigste Lagerbedingungen. Aufbewahrung in kühlen Räumen, die vor direkter Sonnenbestrahlung geschützt und nicht zu feucht sein sollen. Eine Zusammenlagerung mit stark Feuchtigkeit abgebenden Gütern ist nachteilig. Insbesondere in Kellerräumen Lagerung der Kisten bzw. Kartons auf höheren Lattenrosten wegen möglicher Wasserschäden. In höheren Geschossen ist bei Vorhandensein von Holzböden die Verwendung von Stapellatten nicht unbedingt erforderlich. Zur Unterdrückung der Auskeimung evtl. nicht abgetöteter Sporen reichen Temperaturen von 8 bis 10° für ein Jahr aus; höhere Temperaturen als 18° sind insbesondere bei den kürzer haltbaren Schwarzblechkonserven ungünstig. Eine Temperatur von 0° ist insbesondere für saure Füllgüter, die chemische Bombagen hervorrufen, vorteilhaft, wenn die Dosen vor dem Ausbringen langsam in trockener Luft der Umgebungstemperatur angeglichen werden können; bei schroffem Temperaturwechsel beschlagen die Dosen und rosten dann rascher (vgl. Abb. 4). Deshalb dürfen Keller im Frühjahr nicht belüftet werden.

Gefriertemperaturen sind nicht so schädlich wie man bisher annahm. Es besteht aber die Möglichkeit, daß sich als Folge der Ausdehnung des Wassers beim Gefrieren, insbesondere bei längerer Aufrechterhaltung dieser Bedingungen, die Deckel- und Bodenverschlüsse lockern und dadurch undicht werden, so daß sich vorsichtshalber ein beschleunigter Verbrauch gefroren gewesener Dosen nach dem Auftauen empfiehlt. Gläser brechen dagegen sehr häufig, ausgenommen bei hohen Zuckerkonzentrationen. Gurken in Dosen, Spargel, Bohnen, Mischgemüse mit Kartoffeln, Erdbeeren, Kürbisse und Pfirsiche in Dosen können durch das Gefrieren nachteilige Geschmacksabweichungen und Veränderungen der Gewebefestigkeit erleiden. Insbesondere in Dosen mit ungezuckerter Milch sind Ausflockungen möglich, während Fleisch und Fische in Dosen gegen Gefrieren wenig empfindlich sind und gezuckerte Kondensmilch erst bei —25° fest gefroren ist. Die üblichen Sterilisationszeiten schließen nicht die Sicherheit ein, daß die Konserven tropenfest sind.

Vorratspflege. Vernagelte, undichte, stark verbeulte und rostige Dosen sind schon bei der Anlieferung auszuscheiden. Es empfiehlt sich ein- bis zweimalige gründliche Durchsicht im Jahr; bei Fischkonserven (ausgenommen Ölsardinen) ist eine Durchsicht im ersten Vierteljahr erforderlich. Beim Umpacken sollen die Dosen gewendet werden. Zur Vermeidung des Aufrahmens von Milchkonserven sollen diese alle 2 Monate gewendet werden. Schmutz unter dem Bördelrand wird mit Holzstäbchen entfernt, worauf die Dosen mit säurefreiem Spindel- bzw. Mineralöl leicht eingefettet werden. Auf Roststellen unter den

Etiketten ist zu achten. Wurde beim Sterilisieren Rostschutzmittel verwendet, dann ist das Einölen überflüssig. Bei der Durchsicht müssen die Dosen umgedreht werden (ausgenommen Spargel). Um ein Auslaufen undichter Dosen sofort feststellen zu können, sollen die Kisten so gestapelt werden, daß mindestens eine Breitseite ständig sichtbar ist.

Haltbarkeit. Für eine gute Haltbarkeit von Dosenkonserven ist Voraussetzung, daß das Ausgangsprodukt möglichst keimarm in die Dose kommt, weil es viel leichter ist, schwach keimhaltiges Material steril zu halten, als wenn Sporen in großer Menge vorhanden sind. Für die Auswahl der Sterilisationszeit ist außer der Wärmeleitzahl des Füllgutes auch dessen p_H-Wert und dessen Flüssigkeitsgehalt maßgebend, so sind Sporen im Fett ausgesprochen widerstandsfähig, während ihre Abtötung in magerem Fleisch mit reichlichem Flüssigkeitsaustritt sehr viel leichter erfolgt. Gefährdet durch lange Lagerzeit und hohe Temperaturen sind Deutsches Cornedbeef, Dosenwürstchen, Schinken, Pökeleisbein, Schweinepökelkopf, Zunge in Dosen, Fischkonserven ohne Öl (z.B. mit Tomatenmark) — insbesondere mit Tomatentunke und Rahmtunke — Fischpasten, außerdem Apfelmus, Erdbeeren, Heidelbeeren, Kirschen mit Stein, Stachelbeeren, Johannisbeeren, Pflaumen mit Stein, Pfirsiche, Reineclauden, Mirabellen sowie Sauerkraut, Gurken in Dosen, gezuckerte und insbesondere ungezuckerte Milch (vgl. Milch). Sie sind bei den üblichen Temperaturen in Weißblechdosen möglichst nur 1 Jahr zu lagern.

Lagerungsdauer von Konserven für Wehrmachtbedarf.

	Weißblech	Bezedit u. galv. verzinnt (lackiert)	Schwarzblech		Aluminium (lakkiert)
			„WEHRM“	Lötrand	
	Monate	Monate	Monate	Monate	Monate
Fleischkonserven, ausgenommen Schweinepökelkopf, Kraftfleisch, Pökeleisbein, Aufschnittfleisch[1]	60	24	18	9	24
Wurstkonserven[1]	36	24	18	9	24
Mischkonserven mit grünen Bohnen, Kohl- und Mohrrüben, Weiß- und Wirsingkohl[1]	24	18	9	6	—
Mischkonserven mit Erbsen, weißen Bohnen, Linsen, Reis, Graupen	24	18	12	9	—
Gemüsekonserven	36	18	12	6	—
davon ausgenommen					
a) Erbsen	36	18	12	9	—
b) Sellerie, ganze Karotten, Spinat	24	12	9	6	—
Fischkonserven					
a) in Öl	24	12	—	6	12
b) in Tunke	12	9	—	6	—
c) Fischpaste	12	6	—	3	—
Obstkonserven	18	—	—	—	—
Schmelzkäse	24	24	—	—	24
Butter	6	6	6	—	—
Margarine	6	6	6	—	—
Schmalz	36	24	18	9	—

[1] 1 Monat vor Ablauf der angegebenen Fristen werden Dosen untersucht und die Lagerdauer wird nach dem Untersuchungsergebnis von Fall zu Fall festgesetzt.

Länger ist in Weißblech die Haltbarkeit von Fischkonserven in Öl, Himbeeren, Aprikosen, Birnen sowie Bohnen, Karotten, Sellerie, Spinat; man kann hierbei mit einer zweijährigen Haltbarkeit rechnen.

Noch länger ist die Haltbarkeit der nicht angeführten Fleischkonserven, von Wurstkonserven, Schweineschmalz und der nicht angeführten Gemüsearten in Weißblechdosen.

Versand. Zur Vermeidung von Rangierschäden müssen Dosen in Eisenbahnwagen besonders gleichmäßig und sorgfältig gestapelt werden.

Stapelfähigkeit. Fleisch in Dosen (0,85 kg) 2,2 m hoch (8 Kisten) 2 t/qm. Dosenmilch 2,2 m hoch (8 Kisten) 1,5 t/qm. Gurken in Dosen zu 6 kg (ohne Kisten auf Luke gestapelt) 3,0 m hoch zulässig bis zu 12 Dosen = 1,7 t/qm. Sauerkraut in Dosen (je 2 Dosen zu 9,45 kg in Wellpappe) 2 m hoch (7 Kartons) 0,63 t/qm. Obst in Dosen 2,2 m hoch (8 Kartons) 0,72 t/qm. Thunfisch in Dosen 2,2 m hoch (8 Kisten) 1,26 t/qm. Gemüse in Dosen ($^1/_1$ Dose) 2,2 m hoch (9 Kartons) 1,9 t/qm. Schmalzfleisch in Dosen (0,75 kg) 2,2 m hoch (8 Kisten) 1,55 t/qm. Schmelzkäse in Dosen (0,5 kg) 2 m hoch (8 Kisten) 1,45 t/qm.

Ergänzung: Marmeladen und Fruchtgelees.

Hauptveränderungen. Verschimmeln der Marmelade unter dem Deckblatt, *Gärung.* Flüssigwerden der Marmelade, Auftreten dunkler Ränder am Eimerrand durch beginnenden Angriff der Obstsäure auf die Wandung. Auslaufen von Eimern infolge zu hoher Stapelung. Bei offenen Eimern erhöhter Befall durch Schimmelpilze, insbesondere bei warmer Lagerung; Gefährdung durch Essigfliegen, Stubenfliegen, Ameisen und Wespen. (Ein Milbenbefall kann bei Pflaumenmus auftreten, wenn die Oberfläche beim Stehen an der Luft eintrocknet.) Gärung ist eine Folge zu geringer Zuckerkonzentration, Flüssigwerden ist ein Zeichen mangelnder Gelierkraft. Beides sind Fabrikationsfehler.

Verpackung. In Schwarz- oder Weißblecheimer von $12^1/_2$ kg. Holzkübel sind ungeeignet. Hartmarmelade für die Tropen in wetterfestes Zellglas oder in Igelitfolie möglichst eng eingesiegelt; ist die Verpackung nicht dampfdicht, so wird bei feuchter Lagerung Wasser aufgenommen und dadurch die Vorbedingung für mikrobiologische Veränderungen geschaffen.

Lagerung und Haltbarkeit. Bei Temperaturen von 0 bis 15° Haltbarkeit in Weißblech 1 Jahr, in Schwarzblech 4 Monate (Geschmacks- und Farbveränderungen); nach dem Anbruch etwa 3 Wochen. Die Entnahme soll mit flachem Anstich erfolgen. Bei tiefem Anstich sondert sich Saft ab und die Ware wird an den Rändern unansehnlich. Nach jeder Entnahme Deckel stets dicht auf den Eimer drücken. Leichten Befall von Schimmelpilzen zusammen mit einer 1 cm starken Schicht entfernen, der neu entstandene Anstich wird mit Alkohol abgewaschen und ein neues, mit Ameisensäure oder mit Salizylsäure getränktes Deckblatt aufgelegt. Gewöhnliche Marmeladen sind nicht tropenfest.

Stapelfähigkeit. Pyramidenförmig bis zu 7 Lagen = 1,75 m hoch etwa 1,4 t/qm.

Eier[1].

Frisch- und Kühlhauseier.

Hauptveränderungen. a) Wachstum von Schimmelpilzen und Bakterien (insbesondere Proteus vulgaris) auf der Schale ruft beim Eindringen vor allem bei letzteren Fäulnis hervor (Grün- oder Schwarzfäule mit Schwefelwasserstoffbildung, Gelb- oder Rotfäule, käsige Zersetzung, Dotterinfektionen und dgl.). Durch Eindringen von Schimmelpilzen entstehen sogenannte Fleckeier. Das frischgelegte Ei selbst ist weitgehend steril; Eiklar in etwa 98%, Eidotter in etwa 93% der Fälle; Eiklar wirkt insbesondere im frischen Zustand bakterizid.

b) Aufnahme von Gerüchen, insbesondere in ungeeigneten Waggons und Verpackungen.

c) Verflüssigung des Eiklars, hauptsächlich des dicken Anteils und damit größere Gefahr, daß der durch die Hagelschnüre gehaltene, spezifisch leichtere Eidotter aufsteigt und schließlich an der Schale anliegt (festhängender Dotter), wodurch die Infektion durch Mikroorganismen stark erleichtert wird.

d) Verringerung der Zerreißfestigkeit des Dotterhäutchens, hierdurch Gefahr des Brechens derselben bei unsachgemäßer Behandlung (rotfaule Eier), beim Kochen und Braten.

e) Entwicklung eines Lagergeschmacks (alt, dumpf, heuig), insbesondere im Eidotter und Auftreten von Spaltungsprodukten.

f) Abnahme der Zähigkeit des Eidotters als Folge einer Wasseraufnahme des Eiklars während der Lagerung durch das Dotterhäutchen.

g) Wasserverdunstung durch die Poren der Schale, dadurch Vergrößerung der Luftkammer.

h) Leichte Gelbfärbung des Eiklars.

i) Beschädigung beim Transport und dann rascher Verderb.

Einfluß der Vorbehandlung. Die Infektion des Eiinhaltes geht besonders rasch vor sich, wenn das äußere Schalenhäutchen verletzt ist. Stark verschmutzte sowie gewaschene Eier eignen sich daher zum Lagern nicht. Auch feuchte Jahreszeit, nasses Futter, unreinliche Ställe, Seltenheit des Einsammelns der Eier haben Einfluß auf die Haltbarkeit. Da im Ei bei der Vorlagerung starke physikalische und chemische Umwandlungen eintreten, ist ein möglichst rasches Einbringen ins Kühlhaus besonders wichtig. Keine Qualitätsverminderung findet statt, wenn das Einbringen ins Kühlhaus binnen 3—4 Tagen erfolgt und vorher die Temperatur 15° nicht übersteigt. Nur Eier, die mittels Durchleuchten als einwandfrei beurteilt wurden, kommen für die Lagerung in Betracht (frei von Fäulnis, von Knicken und Haarrissen — höchstens 5% Lichtsprünge — kleine und feste Luftblase, Dotter in der Mitte und genügend unbeweglich). Tritt beim Transport Bruch auf, so müssen die Kisten durch Fachleute völlig umgepackt werden. Kisten und Einsätze müssen trocken und geruchfrei, die Eier trocken sein.

[1] Kaess, G., u. F. Kiermeier, „Über Gaskaltlagerung von Eiern", Z. ges. Kälte-Ind. **46**, 174 (1939). — Moran, T., The Cold Starage and Gas Starage of Eggs, Food Invest. London: Leaflet Nr 6 (1939). — Janke, A., Das Hühnerei, seine Zersetzung und Haltbarmachung. Wien: S. Ryalo 1936.

Verpackung in Holzwollekisten (720 Eier) oder in Kisten mit Kartoneinsatz (360 Eier), Karton als Fächerpackung oder Becherpackung (sog. Filler aus Pappeguß) oder als sog. Ovitektpackung. Der Einfluß der Packung auf die Lagerveränderungen der Eier ist sekundär, doch muß das Holz (Rottanne) harzfrei und die Pappe aus geruchlosem Fasermaterial bestehen und trocken sein. Heu, Kleie, Stroh, Häcksel, Sägemehl sind nicht geeignet. In die Fächerpackung müssen Löcher eingestanzt sein, damit die Eier von Luft bespült werden. In bezug auf die Geschwindigkeit des Packens sind die Holzwollepackung und die Fächerpackung überlegen, in bezug auf die Bruchfestigkeit scheint es die Ovitektpackung zu sein.

Lagerung und Vorratspflege. Durch Kaltlagerung Herabsetzung des Wachstums der Bakterien und Schimmelpilze, der durch Enzyme verursachten Abbauvorgänge und der Verdunstung. Günstigste Lagertemperatur $\pm 0°$ und 78—80% relative Feuchtigkeit (bei der Einlagerung 75%) oder $-1°$ und 85% relative Feuchtigkeit. Die Lagertemperatur darf höchstens um 0,5°, die relative Feuchtigkeit höchstens um 2% schwanken. Um eine so genaue Regelung für Monate möglich zu machen, muß der Kühlraum mit einem Außenluftkühler (bewegte Kühlung 10—15facher Luftwechsel) ausgerüstet sein. Die Kisten müssen mit der Längsseite in der Windrichtung lagern, der Stapel lagert auf einem Kantholz, die einzelnen Kisten auf schmalen Hölzchen an den vier Ecken. $^1/_4$ Kisten lagern seitlich, $^1/_2$ Kisten mit Holzwolle mit dem Deckel nach unten, damit der Dotter wieder die Möglichkeit hat, in die Mittellage zu kommen. Abstand von der Wand 10—15 cm; Gänge, die es ermöglichen, jede Partie mühelos zu erreichen. Kisten unter Austrittsöffnungen von Luftkanälen müssen mit Papier abgedeckt werden. Der Wert einer Ozonierung der Lagerräume ist höchst fraglich, zweifellos wird hierdurch eine Verbesserung des Geruchs der Raumluft erreicht, anderseits kann aber das Talgigwerden des Dotteröls beschleunigt werden. Im August muß eine stichprobenweise Zwischenkontrolle beginnen, auf Grund welcher der Auslagertermin festgesetzt wird. Auch bei der Auslagerung wird nochmals ein Anteil (10%) durchleuchtet. Eine künstliche „Entfrostung" ist erforderlich, wenn der Taupunkt der Außenluft höher liegt als 0°. Andernfalls erfolgt ein Feuchtigkeitsniederschlag auf dem Ei und damit ein Klamm-, Dumpf- und Stickigwerden der Ware, falls nicht sofort umgepackt wird. (Vgl. Abb. 4, Punkt B.) Die Entfrostung erfolgt in einem besonderen Raum bei hoher Luftgeschwindigkeit und dauert je Waggon 5,5—11 Stunden. Die durchschnittliche Haltbarkeitszeit im Kaltlager beträgt 7 Monate, bereits nach 3—4 Monaten tritt ein stärker werdender „Lagergeschmack" des Dotters in Erscheinung, während nach 9 Monaten der Qualitätsabfall recht erheblich sein kann. Durchschnittlicher Fäulnisverlust bei 7monatiger Kaltlagerung 1,6—1,8% bei einwandfreier Ausgangsqualität, Gewichtsverlust (2,5 bis) 3,5%.

Landeier sind widerstandsfähiger als Farmeier; Eier mit brauner Schale verdunsten weniger als solche mit weißer Schale. Nach dem Auslagern sollen Kühlhauseier rasch verbraucht werden. Verbesserung der Haltbarkeit durch Gaslagerung, und zwar entweder durch Verwendung einer Konzentration von 2,5% CO_2 bei 80% relativer Feuchtigkeit bei $\pm 0°$, wodurch sich eine bessere Konsistenz des Eigelbs und etwas weniger Kühlhausgeschmack aber unverminderter Gewichtsverlust ergibt, oder durch Verwendung einer Atmosphäre mit 50% CO_2 bei $\pm 0°$ und fast gesättigter Luft und dadurch geringer Gewichtsverlust, festes Eigelb, weitgehende Unterdrückung des Kühlhausgeschmacks, allerdings starke Dünnflüssigkeit des Eiklars, die jedoch zum großen Teil bei der Entgasung wieder verschwindet. Im letztgenannten Fall ist nur Lagerung in Tanks möglich. Gasgelagerte Eier müssen vor dem Verbrauch je nach der verwendeten Konzentration 2—5 Tage lagern, um ihre Kohlensäure abzugeben, sonst Sodawassergeschmack und Springen beim Kochen. Die Gaslagerung ist um so wirksamer, je frischer die eingelagerten Eier sind, möglichst sollten sie nur 2—3 Tage alt sein.

Stapelfähigkeit. Gaslagerung etwa 6000 Eier/cbm. Gewöhnliche Lagerung etwa 25 Stück $^1/_4$ Kisten, 3 m hoch, etwa 650—700 kg/qm entspricht 9000 Eier/qm = 3000 Eier/cbm ohne Gänge.

Ergänzung: Konservierte Eier.

1. Kalkwasser, Wasserglas, Ölüberzüge u. dgl.

Das als Lösungsmittel verwendete Wasser dringt in das Ei ein, schließlich auch in die Dotterkugel, die sich unter Dehnung des Dotterhäutchens vergrößert, wodurch letztere häufig reißt. Gleichzeitig gehen auch Lösungsstoffe in das Ei, wodurch es einen laugenhaften Geschmack und Geruch annimmt. Bei Kalkwasser und bei Garantol, das im wesentlichen durch seinen Kalkgehalt wirkt, wird die Eischale brüchig. Außerdem ist das Eiklar zum Schneeschlagen wenig geeignet. Kalkwasser gesättigt oder einprozentige Garantollösung, Wasserglaslösung mit einem spezifischen Gewicht 1,075. Die Eier lassen sich bei letzterem gut zu Schnee schlagen, doch wird das Eiklar etwas rosa.

Lagerverluste in Proz.[1] nach 6—7 Monaten	Kalkwasser	Garantol	Wasserglas
Verdorbene Eier	6,06	3,03	0,81
Knickeier	0,84	1,39	3,15

Erfolgt die Lagerung im Kalkwasser bzw. Wasserglas nicht im kühlen Keller, so kann innerhalb der Eier eine Gasentwicklung durch Bakterien erfolgen, welche schließlich die Schale zum Platzen bringt. Die Lagerzeit der in Kalkwasser oder in Wasserglaslösung gelagerten Eier sollte 6 Monate möglichst nicht überschreiten; immerhin sind bei 5 bis 10° gelagerte Kalkeier nach etwa 7 Monaten mit bei 0° gelagerten Kühlhauseiern qualitativ durchaus vergleichbar.

Das Einfetten der Eioberfläche hat sich wenig bewährt. Besser ist die Verwendung von Mineralölen bzw. von Ovanol. Bei hohen relativen Feuchtigkeiten sind derart behandelte Eier nur dann länger als 6 Wochen lagerfähig, wenn dem Imprägnierungsmittel stark bakterizide Stoffe (z. B.

[1] Versuche von R. Römer, Deutsche landwirtsch. Geflügelzeitg **1924**, 27, 515.

Phenolderivate) zugesetzt werden. Bei Feuchtigkeitsgraden unter 80% kommt aber die Qualität derart behandelter Eier der von Kalkeiern nahe. In den Vereinigten Staaten hat sich dabei das Verfahren eingeführt, die Eier im Ölbad mit Vakuum zu behandeln, im Vakuum aus dem Ölbad zu entnehmen und an Stelle von Luft das Vakuum mit Kohlendioxyd aufzuheben[1].

Besser in bezug auf die Erhaltung des Dotteraromas ist das in Deutschland entwickelte Verfahren, die Eier einem Unterdruck auszusetzen, Kohlendioxyd nachströmen zu lassen und dann unter Erhöhung auf Atmosphärendruck in eine Ölemulsion einzutauchen[2]. Hierbei wird im Ei eine Kohlendioxydatmosphäre aufrechterhalten. Dementsprechend hat das Ei auch einige Vorteile des gasgelagerten Eies.

Gewichtsverlust bei der Lagerung nur $^1/_3$—$^1/_5$ desjenigen von unbehandelten Eiern.

Mit Wasserglas oder mit Öl imprägnierte Eier müssen vor dem Kochen am stumpfen Ende mit einer Nadel angestochen werden.

2. Trockeneier.

(Hühner- bzw. Enteneigelb, Trockenvollei, Hühner- bzw. Entenalbumin.)

Die Löslichkeit des Trockeneipulvers hängt stark von der verwendeten Trocknungstemperatur und der Trocknungsdauer und damit vom Trockenverfahren (Zerstäubungstrockner, Band- bzw. Schranktrockner, Vakuumtrockner) ab. Der Wassergehalt vom Trocken-Eigelb soll möglichst nicht über 4% liegen. Die Hauptveränderung bei der Lagerung besteht infolge des hohen Gehaltes des Eigelbes an Fett und Lezithin und wegen der großen Oberfläche des Pulvers in einer allmählichen Oxydation des Eieröls, das sich im Ranzigwerden äußert (bitterer, kratzender, ranziger, talgiger Geschmack). Insbesondere ist hierdurch in Zerstäubungstrocknern verarbeitetes Eigelb gefährdet. Enteneigelb ist in dieser Beziehung empfindlicher als Hühnereigelb. Spuren von Kupfer oder Eisen in den Trocknungsapparaten können die Oxydation stark beschleunigen. Durch Wasseraufnahme bei ungenügender Verpackung bilden Eipulver einen ausgezeichneten Nährboden für Bakterien. Trockenalbumin kann dabei einen ammoniakalischen Geruch annehmen. Der bakterielle Verderb hängt auch von der Sauberkeit der Herstellung ab.

Verpackung in verzinnten Behältern in Holzkisten mit einem Nettoinhalt von etwa 90 kg. Aussichtsreich erscheint eine Lagerung in Preßwürfeln.

Haltbarkeit von Trockeneigelb und von Volleipulver 1 Jahr, von Trockeneiweiß in Pulver- oder Kristallform 3—4 Jahre.

3. Gefriereier.

Hauptveränderung, insbesondere bei Eidotter und Gußei, ist die Trennung von Wasser und festen Bestandteilen; nach dem Auftauen tritt keine Resorption des ausgefrorenen Wassers ein, das Lezithin flockt

[1] Swenson, T. L., Food. Research **3**, 599 (1938).
[2] Kaess, G., Landwirtschaftl. Jahrbücher **88**, H. 6, Nr 43 (1939).

aus und gelatiniert. Durch Zusätze von Glukose oder Fruktose und bzw. oder Salz (5%) vor dem Gefrieren könnte die Konsistenz nach dem Auftauen verbessert werden. Besonders groß ist die Gefahr des Pastigwerdens des Eigelbes, wenn das Vollei schlecht homogenisiert wurde. Kolloidgemahlenes Eigelb zeigt keine Gallertbildung. Größte Sauberkeit im Betrieb, insbesondere täglich mehrmalige Sterilisation der mit der Eimasse in Berührung kommenden Apparate und Gefäße, Vermeidung einer Berührung des Dotters mit unverzinntem Eisen und Kupfer und sorgsamste Auslese jedes riechenden oder verseuchten Eies ist ebenfalls Voraussetzung für eine gute Lagerungsfähigkeit (gilt auch für Trockenei).

Verpackung am besten in Pergabechern mit Klammerverschluß und Wellpappe-Umkarton, soweit nicht Weißblechkanister zur Verfügung stehen. Die Einfriergeschwindigkeit scheint sekundär zu sein, doch ist bei längeren Einfrierzeiten ein Vorkühlen auf 0° ratsam. Lagertemperatur —10 bis —15°, Haltbarkeit 2—3 Jahre; falls die Lagerzeit 6 Monate übersteigt, niemals über —6°. Nach dem Auftauen soll ebenso wie beim ungefrorenen Gußei ein rascher Verbrauch binnen 2 Tagen stattfinden, da die Eimasse einen ausgezeichneten Nährboden für Kleinlebewesen bildet.

Stapelfähigkeit. Gefriereier in Kanistern etwa 2000 kg/qm, 2,5 bis 3 m hoch. Gefriereier in Kartons etwa 470 kg/cbm.

Anhang. Flüssige Eiprodukte wie Salzeigelb (6—10% Salz und 0,75 bis 1% Benzoesäure) und Boreigelb sind nur beschränkt haltbar.

Fette.

Butter.

Hauptveränderungen. Verderben und Ranzigwerden durch Einfluß von Mikroorganismen, durch Oxydation und durch Enzymtätigkeit. Durch Luftsauerstoff (eingeschlossene Luft und Fettoberfläche) erfolgt schnelles chemisches Verderben der Fette, wobei sie ölig, talgig werden. Verzögerung des Verderbs infolge Mikroorganismen und Oxydation durch Temperatursenkung. Chemischer Abbau wird durch Spuren von Metallen wie Kupfer, Eisen, Mangan (metallische, ölige, schmirgelnde, tranige Butter) infolge schadhafter Verzinnung der Apparate und Leitungen und durch Licht (Talgigwerden) beschleunigt. Ausschlaggebend für die Haltbarkeit ist die Ausgangsqualität. Diese hängt eng mit der Sauberkeit des Betriebes, des Wassers und der Sorgfalt bei der Verarbeitung (Rahmenerhitzung auf 84°, Ansäuerung des Rahmes auf 16 bis 18°, gutes Auswaschen des Butterkorns, Trockenkneten, festes Einstampfen und dgl.) und der Weiterzüchtung der Kultur zusammen. Auch die Ausschaltung von Infektionen durch Salz, Tonnen, Pergament, sowie durch das Personal (aus Schimmelkäserei nicht in Butterei gehen) ist wichtig. Nur die Lagerung von besonders ausgesuchter Markenbutter hat Aussicht auf Erfolg.

Verpackung. In Tonnen, die mit luftdichtem und wasserfestem Echtpergament (70—75 g/qm) ausgeschlagen werden. Das Pergamentpapier wird häufig 24 Stunden in gesättigte Salzlake getaucht. Die Butter muß zur Vermeidung von Schimmelpilzbildung lückenlos eingestampft werden. Abgeformte Butter in Paketen, die in besonders luftdichtes Papier eingeschlagen sein müssen; die Packungen kommen in Kisten oder Kartons, die nach Möglichkeit mit gewachstem Pergament ausgeschlagen werden. Das Holz der Verpackung muß geruchfrei, außerdem sauber und trocken sein, da sonst Gefahr der Oberflächenverschimmelung. Deshalb muß auch das Leermaterial auf dem Weg von der Faßfabrik bis zur Molkerei und bei der Vorlagerung sorgfältig vor Feuchtigkeit und vor Fremdgerüchen geschützt werden. Für Buttertonnen haben sich Buchenholz und Weidenreifen am besten bewährt. Sie dürfen nur auf der Kante gerollt werden. Für Seetransport (Tropen) stark gesalzene Butter in Dosen; diese werden in Kisten verpackt. Abgepfundete Butter in Kisten neigt stärker zu Stockfleckenbildung als Faßbutter.

Günstigste Lagerbedingungen und Haltbarkeit[1]. Die Butter muß in der Molkerei nach dem Einstampfen möglichst rasch und möglichst tief heruntergekühlt und in Isolierwagen zum Kühlhaus befördert werden. Gesalzene Butter ist weniger haltbar als ungesalzene Butter, Süßrahmbutter scheint etwa ebenso haltbar wie Sauerrahmbutter zu sein. Konservierende Zusätze verlängern die Haltbarkeit von Butter nicht.

Haltbarkeit von Sauerrahmbutter. Bei $\pm 0°$ etwa 5—7 Wochen, bei —6 bis —8° etwa 2—4 Monate, bei —12 bis —15° etwa 6—9 Monate. Natürlich wird durch jede Vorlagerung die Haltbarkeitszeit abgekürzt und dadurch ein rascherer Verderb von Lagerbutter vorgetäuscht.

Bei 25° kann Butter bereits zu schmelzen beginnen; Haltbarkeit dabei gering, etwa 4—5 Tage. Deshalb Butter vor höheren Temperaturen bewahren und niemals der Einwirkung von Sonnenlicht aussetzen.

Relative Feuchtigkeit sekundär, nur muß ein Feuchtwerden der Verpackung ($\varphi > 80\%$) vermieden werden. Buttertonnen müssen stets auf Rosten stehen, die Tonnen werden versetzt übereinandergestellt.

Butter ist außerordentlich geruchsempfindlich und darf deshalb nicht mit stark riechenden Waren in Berührung kommen bzw. mit diesen zusammen lagern. (Deshalb auch Vorsicht bei ungeeigneten Reinigungsmitteln für die Molkerei-Apparate.) Ozonisieren ist schädlich.

Völlig frische dänische Butter in Dosen mit einem Salzgehalt von 4—5% und einem verringerten Wassergehalt (12%) Haltbarkeit etwa 3(—4) Monate. Lagerung ebenfalls möglichst bei — 10° und darunter.

Transport. Butter soll im Sommer nur im durchgefrorenen Zustand in Isolierwaggons ohne Eis (oder mit Trockeneis) auf längere Strecken versandt werden, wobei sie möglichst dicht zu stapeln ist. Grundsätzlich muß Butter aus Kaltlagerräumen in Isolierwaggons versandt wer-

[1] Merkblatt über die Buttereinlagerung, Molkerei-Ztg. **54**, 583 (1940). — KIERMEIER, F., Gefriertaschenbuch, VDI-Verlag 1940. — SYNWOLDT, W., Herstellung von haltbarer Lagerbutter, Molkerei-Ztg. **52**, 825 (1938). — SAITNER, M., Acht Jahre Buttereinlagerung, Molkerei-Ztg. **62**, 420, 444, 469 (1941).

den. Nur ausnahmsweise bei kurzen Strecken, in der kalten Jahreszeit und bei raschem Verbrauch kann ein Versand in gewöhnlichen Güterwagen als Eilgut in Betracht gezogen werden. Langes Stehen an der Laderampe, womöglich noch in der Sonne oder in der Nässe, ist unter allen Umständen zu vermeiden. Die Eisenbahnwagen müssen trocken, sauber und geruchlos sein.

Für längere Transportwege hat sich das Einnähen der Fässer in fest umschließendes Sackgewebe bewährt, da die Reifen sonst leicht abspringen.

Stapelfähigkeit. 16—22 Butter-Tonnen je qm, d. h. 880—1200 kg/qm bis 3 m hoch.

Anhang. Lagert man an Stelle von Butter Rahm, so ist die hieraus hergestellte Butter qualitativ schlechter, als wenn von vornherein Butter eingelagert wird.

Ergänzung: Butterschmalz[1].

Man unterscheidet eingesottene Butter, die nach alten, in der Haushaltung gewonnenen Verfahren hergestellt wird und eingeschmolzene Butter, die bei Temperaturen um 45° aus Butter durch Fettabscheidung und Filtration gewonnen wird. Erstere hat das bekannte Schmalzaroma, letztere je nach der Qualität der verwendeten Butter mehr oder minder feines Butteraroma. Zur Haltbarmachung ist eine möglichst verständige Entfernung der fettfreien Trockenmasse und des Wassers nötig. Außerdem ist die Erzielung einer feinkristallinen Struktur des Butterschmalzes (schnelles Abkühlen des flüssigen Schmalzes auf mindestens 20°) erforderlich. Zur Erzielung einer feinkristallinen Struktur führt eine rasche Abkühlung auf 20—22°. Die Gefäße dürfen erst nach dem Erkalten verschlossen werden, da sonst auf die Oberfläche herabfallende Kondenswassertropfen die Stockfleckigkeit begünstigen.

Hauptveränderungen. Butterschmalz ist haltbar, wenn es höchstens Spuren von Wasser (unbedingt unter 0,3% — besser unter 0,01% —) und keinerlei Buttermilch mehr enthält. Verschimmlung von Butterschmalz beruht immer darauf, daß die Butter nicht genügend ausgesotten worden war. Die Hauptgefährdung für einwandfrei hergestelltes Butterschmalz bei der Lagerung ist das Talgigwerden. Sie ist immer mit einem Ausbleichen des Schmalzes verbunden. Gleichzeitig kann sich ein alter, muffiger oder fischiger Geruch und ein kratziger, talgiger, traniger oder fischiger Geschmack einstellen. Stark beschleunigt wird diese Veränderung, wenn beim Abfüllen des Butterschmalzes viel Luft mitgerissen wird, durch Zutritt von Licht bei der Lagerung, sowie wenn das Butterschmalz Spuren von Kupfer oder Eisen infolge schlecht verzinnter Gefäße enthält. Randschichten, zu denen die Luft besser Zutritt hat, sind stärker gefährdet als der Kern. Die gebleichte, blättrige Oberflächenschicht soll auch nach längerer Lagerung möglichst

[1] Schulz, M., u. W. Storck, Versuche über die Herstellung und die Haltbarkeit von Butterschmalz, Molkerei-Ztg. **61**, F. 47 (1940). — Ritter, W., Schweiz. Milchztschr. **1936**, Nr 12—17. — Beurteilungsgrundsätze für Butterschmalz, Molkerei-Ztg. **54**, 1508 (1940). — Kieferle, F., Technologisches zur Herstellung von Butterschmalz, Molkerei-Ztg. **62**, 735 (1941).

nicht stärker als $^1/_2$ cm sein. Der Unterschied in den Veränderungen bei offener und bei geschlossener Aufbewahrung ist unter Voraussetzung dunkler Lagerung gering. Die Lagerungsfähigkeit wird in hohem Maße von der Qualität der Ausgangsbutter beeinflußt.

Einfluß der Herstellung. Die Verarbeitung besteht in: „Vorklären" — erstes Separieren mit Heißwasserzulauf — Erhitzen — zweites Separieren ohne Heißwasserzulauf — Abfüllen. Beim Vorklären reicht eine Temperatur von 70°. Das Separieren mit Heißwasserzulauf hat den Nachteil, daß Antioxydantien ausgelaugt werden, wodurch das Schmalz weniger oxydationsbeständig wird; das Auslaugen ist aber anderseits zur Entfernung der Verdorbenheitsstoffe des Fettes erforderlich. Eine Erhitzung auf 80—85° ist ausreichend. Bei höherer Erhitzung altert das Schmalz bei der Lagerung rascher. Berührung mit Kupfer, Nickel, Eisen muß vermieden werden. (Ausbleichen, Talgigwerden.)

Lagerung. Die Haltbarkeit ist am besten in Steinguttöpfen. Wegen Schwierigkeiten beim Transport und des hohen Taragewichtes ist man zur Verpackung in Kisten aus abgelagertem Kistenholz mit Echtpergamentbeuteln oder mit Zellglaseinlage übergegangen. Das Holz muß völlig geruchfrei sein; Kiefernholz ist ungeeignet. Haltbarkeit bei 5 bis 15° je nach Qualität und Herstellungsmethode, ohne wesentlichen Geschmacksabfall, etwa 3—9 Monate. Bei 20 bis 25° tritt ein schnellerer Verderb ein. Günstiger ist Kaltlagerung bei $\pm 0°$ bis $-5°$ (1 bis 2 Jahre). Butterschmalz mit leichtem Bratgeschmack soll etwas haltbarer als gewöhnlich eingesottenes Schmalz sein. Butterschmalz muß unbedingt dunkel gelagert werden.

Stapelfähigkeit. In Kisten etwa 1400 kg/qm, 3 m hoch.

Anhang. Aus Butterschmalz regenerierte Butter ist nur wenig haltbar.

Ergänzung: Margarine[1].

Hauptveränderungen und Einfluß des Herstellungsverfahrens. Ebenso wie Butter neigt Margarine bei Temperaturen über $\pm 0°$ zum Verderb durch Mikroorganismen, wobei ein Zusatz von Benzoesäure bzw. Natriumbenzoat eine etwas haltbarkeitsverlängernde Wirkung hat. Die Margarine kann seifig und parfümranzig werden. Bei Gefriertemperaturen erfolgt der Verderb unter Wirkung von Enzymen.

Auch für die Haltbarkeit der Margarine ist die Sauberkeit der Betriebsräume und die Keimfreiheit der Verarbeitungsapparate und Geräte wichtig. Keime können außerdem durch Preßtalgstücke, Wasser, nicht genügend pasteurisierte und nicht mit sauberen Reinkulturen angesäuerter Milch, nicht sterilisierte bzw. pasteurisierte Zusätze wie Eigelb, Kartoffelstärke, Salz und dgl. sowie durch Holz eingeschleppt werden. Weiterhin muß das Raffinieren der Fette sorgfältig erfolgen; diese müssen rein im Geschmack und frei von Eiweißstoffen sein. Beim Aufschmelzen müssen hohe Temperaturen vermieden werden. Bei der

---

[1] Schmalfuss, H., Fette u. Seifen **46**, 719 (1939). — Kiermeier, F., Fette u. Seifen **47**, 99 (1940).

Herstellung der Margarineemulsion muß auf gute Feinverteilung des Flüssigkeits- und des Fettanteiles geachtet werden. Mit der Margarine darf kein unverzinntes Kupfer bzw. Eisen in Berührung kommen. Die Margarine darf sich während der Herstellung nicht mit Luft anreichern, sondern muß vor dem Abpacken evakuiert werden. Dieses muß mit sterilen Packmaschinen unter Vermeidung jeder Handberührung erfolgen.

Haltbarkeit. Bei + 18,5° etwa 4—5 Wochen; bei + 8,5° etwa 5—8 Wochen; bei 0° etwa 3—4 Monate; bei — 6,5° etwa 1 Jahr.

Während der heißen Jahreszeit ist demnach Lagerung in Kühlräumen geboten. Der Schmelzpunkt der Margarine muß den jahreszeitlichen Bedingungen angepaßt werden, da breiig bzw. flüssig gewordene Margarine rascher verdirbt. Durch geeignete Zusammensetzung kann ein Schmelzpunkt von 37° erreicht werden. Verpackung der fertigen Margarinewürfel in starke Versandkartons, gegebenenfalls während der heißen Jahreszeit zur Erhöhung der Stapelfähigkeit Holzkisten. Für den Versand gelten die gleichen Gesichtspunkte wie bei Butter. Für tropische Länder Verpackung in verschlossenen Weißblechdosen. Haltbarkeit hierin etwa 6—9 Monate (letzteres bei hervorragenden Ölen).

Stapelfähigkeit. In Kisten 2,2 m hoch etwa 1,4 t/qm.

Rinderfette.

(Feintalg „Premier jus", Rinderspeisetalg, Oleo-Oil sowie Rinderknochenspeisefett.)

Hauptveränderungen. Qualitätseinbuße durch Verfärben an den Randschichten, talgiger Geschmack und Geruch, seltener Schimmelpilzbildung.

Einfluß der Herstellung. Die Haltbarkeit von Rinderspeisefetten ist im wesentlichen von der Beschaffenheit des Rohmaterials und der Art ihrer Verabreichung abhängig. Eine graue Farbe des Talges kann durch unzweckmäßige Aufbewahrung des Rohfettes und durch rostige Kessel verursacht sein. Das Auftreten eines talgigen Geschmackes wird durch Unreinlichkeit, Feuchtigkeit und Wärme begünstigt, durch Einwirkung von Tageslicht hervorgerufen. Rinderfette sind schon in rohem Zustand fast verbrauchsreif. Je schonender sich der Schmelzvorgang vollzieht, desto widerstandsfähiger ist das Fertigerzeugnis äußeren Einflüssen gegenüber. Das Verarbeiten von Talg zum Zwecke der Herstellung von Speisefetten bedingt eine Auswahl von nur besten ganz frischen völlig einwandfreien Rohstoffen; alles andere Material kommt für die zu Genußzwecken bestimmte Fettgewinnung nicht in Betracht. Das erste Fett, welches sich durch den Schmelzprozeß in flüssigem Zustand zeigt und welches nach dem Erkalten von besonderer Güte ist, hat die Bezeichnung *Feintalg* oder „*Premier jus*". Der Geruch des Feintalges ist angenehm, rein und frisch, wie auch der Geschmack, der bis zu einem gewissen Grade an Butter erinnert; auch zergeht dieser beim Kauen vollständig im Munde, ohne am Gaumen zu kleben, wie man dieses bei geringeren Qualitäten von Speisetalg, der aus älteren

Rohstoffen hergestellt und bei überhöhter Schmelztemperatur ausgeschmolzen wird, wahrnehmen kann.

Oleo-Oil (Oleo-Margarin) ist ein von Stearin befreites Premier jus; es soll geschmacksrein sein und in der Konsistenz und in der Art dem Butterschmalz ähneln.

Die unter der Bezeichnung *Rinderspeisetalg* in den Handel kommende Qualität ist nicht ganz rein im Geschmack und Geruch und hat einen talgigen Beigeschmack und Geruch.

Rinderknochenspeisefett wird aus den Knochen frisch geschlachteter und gesunder Tiere hauptsächlich im Autoklaven oder auch im Extraktionsverfahren gewonnen.

Verpackung. Die Fässer bzw. Kisten müssen möglichst licht- und luftdicht schließen.

Fässer mit einem Fassungsvermögen von etwa 170 kg Inhalt haben sich als die günstigste Verpackung erwiesen.

Lagerung und Haltbarkeit. Feintalg, sogenanntes „Premier jus", aus Fetten frisch geschlachteter Tiere, sowie Oleo-Oil (Oleo-Margarin) halten sich in trockenen, kühlen Räumen mindestens 6 Monate, gewöhnlicher Rinderspeisetalg hat eine Lagerfähigkeit von mindestens 3 Monaten. Bei längerer Lagerung besteht die Gefahr allmählicher Gütebeeinträchtigung. Rinderknochenspeisefett hat nur eine äußerst geringe Haltbarkeit und es zeigt schon nach einem Monat eine Verfärbung, welche sehr schnell um sich greift. Schneller Verbrauch ist deshalb erforderlich. Rinderfette dürfen nicht gefroren werden. Die Einwirkung von Kälte macht sich durch Verfärbung kenntlich. Oleo-Oil (Oleo-Margarin) ist besonders kälteempfindlich und muß deshalb unter allen Umständen vor Frosteinwirkung geschützt werden, da sonst die schwach gelbliche Farbe in eine grünliche Färbung umschlägt und in Oleo-Stearin übergeht. Gegen Licht ist Oleo-Oil sehr empfindlich, weshalb es dunkel verwahrt werden muß, um frisch und wohlschmeckend zu bleiben. Zweckmäßigste Lagerung bei $+2°$.

Stapelfähigkeit. In Kisten 2 m hoch etwa 1200 kg/qm, in Fässern, 2 Fässer aufeinandergestapelt = 1,70 m hoch, 800 kg/qm.

Schweineschmalz.

Hauptveränderungen. Bei geringem Wassergehalt (unter 0,3%) keine Lebensmöglichkeit für Mikroorganismen. Prüfung des Wasser- und des Säuregehaltes vor dem Einlagern. Bei feuchter Verpackung und Lagerung vermag die Randschicht zu verschimmeln; das Schmalz darf dann nicht weitergelagert werden. Üblicher Verderb durch Talgig- und Seifigwerden, an den Randschichten beginnend, beschleunigt durch Lichteinwirkung.

Einfluß der Herstellung. Ausschlaggebend für die Haltbarkeit ist die Verarbeitung von frischen Rohfetten, Rückenfett und Liesen. Bei Verwendung von altem Rohfett oder von Mickern und Liesen, die in schlachtwarmem Zustand aufeinandergelegt und dadurch nicht rasch genug durchgekühlt wurden, tritt ein unreiner Geschmack auf. Blutige Micker dürfen nicht mitgebraten werden, weil sonst eine Verfärbung auftritt. Bei einer Vorlagerung des Rohfettes kommt es unter Einwirkung von Enzymen zu einer Säuerung des Fettes. Darmfett (Micker) soll nur verarbeitet werden, wenn keine lange Lagerung notwendig ist. Berührung mit Kupfer und möglichst auch mit Eisen (rostige Kessel) sowie die Einwirkung von Sonnenlicht bei der Herstellung muß vermieden werden. Das Fett muß so lange ausgebraten werden, bis das im Rohfett enthaltene Wasser praktisch restlos verdampft ist. Das Ausbraten soll langsam vor sich gehen. Um eine grießliche Struktur zu vermeiden, ist für eine rasche Abkühlung Sorge zu tragen.

Bei amerikanischem Schweineschmalz unterscheidet man *Rohschmalz* (Steamlard), hergestellt aus Rückenfett frischgeschlachteter Tiere im Autoklaven unter Druck geschmolzen. *Pure lard* wird hergestellt aus Rückenfett ohne Schwarte und Liesen oder auch aus Rohschmalz, welches nachträglich geklärt und filtriert wird. *Neutrallard* wird aus Netz- und Gekrösefett bei niedrigen Temperaturen unter Vakuum hergestellt. Dieses Schmalz wird ebenfalls mittels Zentrifugen bzw. Filterpressen bereitet. *Deutsches Schweineschmalz* wird aus Liesen (Flomen, Lünte, Schmer), Wammenfett, Rückenfett ohne Schwarte, Darmfett (Micker) gewonnen. Sämtliche Fette werden gemischt verarbeitet und solange gebraten, bis das Fett wasserfrei ist. *Flomenschmalz* (Liesenschmalz) ist das nur aus Flomen gewonnene Schweineschmalz. *Griebenschmalz* ist Schweineschmalz, in dem die bei der Herstellung entstehenden Grieben im Schmalz verbleiben. Es ist meistens nicht so stark ausgebraten wie normales Schmalz, weil sonst die Grieben hart und ungenießbar würden. Bratenschmalz entsteht durch Erhitzen von Schweineschmalz unter Zusatz von Gewürzen, Zwiebeln; Bratenschmalz mit Grieben wird durch Zusatz von Grieben aus frischem Rückenspeck oder aus Flomen hergestellt. Bei Schmalz in Dosen ist besonders wichtig, daß sie luftfrei sind; die Sterilisation allein reicht für eine genügende Haltbarkeit nicht aus.

Verpackung. Die Verpackung muß möglichst luft- und lichtdicht schließen. Rohschmalz in Eichenholzfässern zu 170 kg netto. Schmalz in Kisten, die mit Pergamentpapier oder besser mit Pergament*beuteln* ausgestattet sind, mit einer Füllung von 1 × oder 2 × 12,5 kg netto. Die Kisten müssen aus trockenem, abgelagertem, harzfreiem Holz hergestellt sein. Auch verzinnte Blechsatten sind geeignet, Buchenholzfässer dagegen nicht. Selbstverständlich sind unreine Fässer für die Lagerung ungeeignet. In Weißblechdosen als Schmalzkonserve aus Liesen und Rückenfett hergestellt mit Griebenzusatz.

Günstigste Lagerbedingungen und Haltbarkeit. Schmalz, hergestellt aus Fetten von frischgeschlachteten Tieren ohne Verwendung von Micker, hält sich in trockenen, kühlen Kellern 1—2 Jahre mit einem geringen Verlust durch Abnehmen einer alt schmeckenden dunklen Randschicht. Bei Temperaturen von ± 0 bis -1° und nicht zu hoher Luftzirkulation erhöht sich die Lagerungsfähigkeit auf das Doppelte. Bei Verwendung von nicht erstklassigem Verpackungsmaterial und bei Verwendung von nicht ganz frischem Rohfett und frischem Darmfett (Mickerfett) muß mit einer verkürzten Haltbarkeit — höchstens der halben Zeit — gerechnet werden. Eine Qualitätsverminderung läßt sich geruchlich rechtzeitig feststellen, wenn mittels eines Fettbohrers aus dem Kern eine Probe gezogen und zwischen den Handflächen verrieben wird. Eine Schmalzkonserve, hergestellt aus Rohfetten in Weißblechdosen, hält sich ohne wesentliche Qualitätsverminderung 3—4 Jahre. Die Dosen sollen innen möglichst verniert sein. Bei Verwendung von nicht vernierten Dosen kommt es vor, daß das Schmalz an Deckel und Boden eine schwärzliche Verfärbung (Schwefeleisen) zeigt. Durch die Verfärbung wird zwar der Geschmack des Schmalzes nicht beeinflußt, aber das Aussehen stark beeinträchtigt.

Griebenschmalz in Kisten oder Fässern ist zum Lagern nicht geeignet. Die Grieben, welche man in diesem Schmalz mit verwendet, sind zu wenig ausgebraten; sie enthalten außer Eiweiß noch Wasser, welches die Haltbarkeit stark beeinträchtigt. Deshalb muß auch Griebenschmalz in Dosen nach dem Öffnen rasch verbraucht werden.

Die relative Feuchtigkeit der Raumluft darf bei der Lagerung in Kisten nicht zu hoch gewählt werden (möglichst bei 0° nicht über 80%, bei 15° nicht über 70%), da bei Feuchtigkeitsaufnahme des Holzes ein Schimmelpilzwachstum und eine Geruchsabgabe möglich wird. Dunkle Lagerung ist selbst bei dichten Kisten erforderlich. Künstliche Beleuchtung der Lagerräume, möglichst nur durch rotbraunes oder grünes Licht.

Stapelfähigkeit. In Kisten 2 m hoch etwa 1200 kg/qm. Die am Boden befindlichen Kisten müssen auf Lattenroste gestellt werden, damit das Kistenholz trocken bleibt. Die Stapelung soll bei trockenem Verpackungsmaterial dicht erfolgen, doch sollen zur Erleichterung der Kontrolle im Abstand von einigen Metern Gänge frei bleiben; die Stapel dürfen die Wände nicht berühren.

Gesalzener Speck[1] (Schweinehälften).

Hauptveränderungen. Qualitätsverschlechterung durch Talgigwerden, beschleunigt bei hohen Temperaturen und durch den Einfluß von Licht. Gleichzeitig Bleichen des Fettes. Das Talgigwerden nimmt vom Rand nach dem Innern rasch ab. Empfindlichkeit gegen fremde Gerüche. Fraß von Ratten und Mäusen. Bei hohen Feuchtigkeiten Wachstum von Schimmelpilzen; Ranzigwerden aber angeblich durch niedrige Feuchtigkeitsgrade beschleunigt.

Lagertemperatur. Noch nicht durchgesalzener Speck aus frischer Schlachtung zunächst bei +6°. Fetter Speck muß, ehe er gelagert wird, völlig durchgekühlt und durchgesalzen sein, d. h. er darf keine bläuliche Verfärbung in den mittleren Schichten des Anschnittes mehr aufweisen und muß weiß bis weißrosa sein. Durchgesalzener Speck bei 0°, bei möglichst geringer Luftbewegung. Relative Feuchtigkeit unter 80%, aber nicht unter 70%. Vor dem Stapeln wird der Speck nochmals gründlich mit Salz abgerieben. Die Räume müssen unbedingt dunkel sein, als Raumbelichtung ist rotbraunes oder grünes Licht am zweckmäßigsten. Der Speck wird auf sauberen Stapellatten möglichst dicht

[1] R. Koller, Salz, Rauch und Fleisch, Salzburg 1942.

aufgeschichtet. Der Stapel wird mit Papier oder Planen abgedeckt. Stapelhöhe von Schweinehälften 1,5 m. Wo die Voraussetzungen dazu bestehen, soll Speck, insbesondere magerer Speck, in Bottichen in Salzlake bei 2 bis 4°, entsprechend beschwert, gelagert werden. Schwartenseite nach unten.

Qualitätsprüfung. Zur Qualitätsprüfung verwendet man Schinkennadeln oder Holzspeile (Geruch am Knochen), außerdem müssen gelegentlich Stücke an der dicksten Stelle zerteilt und der Geruch (Stichigkeit), hervorgerufen durch Salzung vor ungenügender Durchkühlung, geprüft werden. Jede Farbveränderung der Oberfläche ist auch ein Anzeichen für beginnende oder bereits eingetretene Talgigkeit. Besonders empfindlich ist die Kochprobe, wobei der entweichende Dampf auf seinen Geruch hin geprüft wird.

Haltbarkeit. Die ersten Veränderungen können bei + 15° nach 3 Wochen, bei 0° nach 3—6 Monaten je nach der Ausgangsqualität auftreten. Ist eine längere Lagerung von trocken gesalzenem Speck erwünscht, so muß man gesalzenen Speck gefrieren und evtl. noch in Kohlendioxyd lagern. Naß gesalzener und in Bottichen gelagerter Speck hält sich 1 Jahr. Durch die Räucherung wird als Folge der im Rauch enthaltenen Schutzstoffe die Anfälligkeit für Talgigwerden ganz bedeutend herabgesetzt. Man soll nur durchgesalzenen Speck räuchern, je kälter und länger geräuchert wird, um so besser das Produkt.

Stapelfähigkeit. 650 kg/cbm.

Speiseöle[1].

Eine verallgemeinernde Aussage über die Haltbarkeit der Öle ist nur bedingt möglich, da der hierfür maßgebende Gehalt an ungesättigten Fettsäuren nicht unerheblich von den Wachstumsbedingungen der Ölpflanze abhängt. Außerdem ist die Länge und Güte der Vorlagerung der ölliefernden Saat und damit im Zusammenhang die chemische Behandlung bei der Raffination von Einfluß.

Der Verderb erfolgt vorwiegend auf dem Wege der Säuerung; Ranzigwerden ist selten und ist vorwiegend dann zu befürchten, wenn die Öle nicht rein sind. Ausschlaggebend für die Haltbarkeit von raffinierten Ölen ist die Vermeidung von Metallspuren (Prooxygenen) sowie außerdem der Ausschluß von Licht bei der Lagerung. Da letzteres in der Küche selten befolgt wird, sollten Speiseöle in braunroten Flaschen zum Verkauf gelangen, während sich für Großverbraucher Blechkanister gut eignen.

Bei dunkler Lagerung bei Umgebungstemperatur sind Speiseöle nach der Raffination etwa 3 Monate einwandfrei. Nach dieser Zeit ist eine Verwendung als Brat- und Backöl noch längere Zeit möglich, doch ist eine Verwendung als Salatöl bzw. zur Herstellung von Margarine schon fraglich. Am längsten haltbar ist raffiniertes Erdnußöl (etwa $^1/_2$ Jahr) und raffiniertes Sonnenblumenöl, während die Haltbarkeit bei raffiniertem Sojaöl, bei Raps- bzw. Rüböl, Sesamöl und Baumwollkernöl merklich geringer ist; Leinöl und auch Mandelöl sind am wenigsten

[1] KIERMEIER, F., Das Verhalten von Ölen während längerer Lagerung bei verschiedenen Temperaturen. Fette u. Seifen **48**, 326 (1941).

lang haltbar. Im allgemeinen sind trocknende Öle „Oxydationsbereiter“ als nichttrocknende Öle (z. B. Erdnußöl). Der Temperatureinfluß auf die Haltbarkeit scheint gering zu sein. Gefrorenes Öl soll bei Zimmertemperatur langsam angewärmt werden.

Kokosfett und Palmkernfett sowie gehärtete Trane müssen im raffinierten Zustand möglichst rasch verarbeitet werden, da sie bald ranzig werden. Für die Tropen ist es notwendig, diese Pflanzenfette in Blech einzulöten.

Fische.

Frischfische (Seefische[1]).

Hauptveränderungen. Die bakterielle Zersetzung des Fischfleisches äußert sich dadurch, daß die Augen matt werden und schließlich einfallen, die Schuppen sind nicht mehr ganz festsitzend, der ursprünglich glasig durchsichtige Fischschleim wird milchig und schließlich mißfarbig. Gleichzeitig erhält der ursprünglich geruchlose Fisch einen zunächst angenehmen, anschließend einen säuerlichen und durchdringenden fischigen Geruch, später Fäulnisgeruch. Das Fleisch des Fisches wird dabei weicher, plastischer und milchiger. Kiemen und Bauchlappen verfärben sich und werden schmierig. Entsprechende Veränderungen der Farbe, Festigkeit und des Geruches finden auch beim Filet statt. Ursache sind Bakterien, die größtenteils aus den hervorquellenden Eingeweiden der mit dem Grundschleppnetz aus großen Tiefen gefangenen Fische stammen, zum geringeren Teil kommen sie aus dem Seewasser und dem Eis.

Verpackung und Lagerung. Während Süßwasserfische meist lebend angeliefert werden, erfolgt die Verpackung von Seefischen in Kunsteis, meist in Klar- bzw. Kristalleis. In der Hauptsache erfolgt der Versand frischer Seefische in Weidenkörben, die mit einer Bastmatte und Pergamentpapier, neuerdings teilweise nur mit Pergamentpapier ausgelegt sind. Auf den Boden des Korbes wird eine Lage Eis geschüttet, darauf wird der Fisch und hierauf wieder eine Lage Eis gelegt. Die überhängenden Teile der Matte bzw. des Echtpergaments werden eingeschlagen und der Korb mit einem Deckel verschlossen. Entsprechend erfolgt auch der Versand der Filets, die in eine mit Pergamentpapier ausgelegte Kiste kommen; über das Pergamentpapier wird Eis gelegt. Ein gewisser Teil des Versandes erfolgt auch in Kisten. Eine evtl. kurze Zwischenlagerung erfolgt bis zum raschen Verkauf meist in dieser Originalpackung in Kühlräumen oder ausgepackt in Kühltruhen in Eis. Selbstverständlich müssen die beeisten Packgefäße vor Sonnenbestrahlung geschützt werden.

Haltbarkeit. Bei Aufbewahrung von Fischen in Eis verschwindet der frische Seegeruch nach 6—7 Tagen (bei 6° nach etwa 2 Tagen). Bis zum 10. Tag wird der Geruch durchdringender, von da ab tritt ein schaler, säuerlicher Geruch auf, der den Fisch nach 14 Tagen als verdorben kennzeichnet. Da die Zeit für die Anlieferung vom Fang bis

[1] Heiss, R., Die Aufgaben der Kältetechnik bei der Bewirtschaftung Deutschlands mit Lebensmitteln. RKTL.-H. 77, Bd. B (1938). — Schwartz, W., u. Th. Zeiser, Arch. Mikrobiol. **10**, 322 (1939).

zum Verbraucher häufig länger ist, sind viele Verbesserungsvorschläge ersonnen worden:

a) Entscheidend wäre die Verringerung des Anfangskeimgehaltes, d. h. eine möglichst saubere Schlachtung und Waschung der Fische nach dem Fang. Dies läßt sich bei Massenfängen kaum verwirklichen. Einfacher durchführbar ist aber eine regelmäßige Desinfektion der Laderäume (7,5prozentige Formalinlösung), eine Stapelung der Fische höchstens 1 m hoch, besser nur in 3 Lagen und damit verbunden eine häufigere Querschottung und schließlich Ausbildung der Querschotte in der Weise, daß das stark bakterienhaltige Schmelzwasser nicht durch sämtliche Fischlagen sickern muß. Eine Verringerung der Auslaugung des Fisches wird dadurch erzielt, daß man sowohl die Fischladeräume wie auch evtl. Lagerräume an Land mittels stiller Kühlung auf eine Temperatur von $+1°$ bringt, so daß durch das Eis nicht mehr die eindringende Wärmemenge abzuführen ist, sondern ihm nur noch die Aufgabe zukommt, den Fisch rasch abzukühlen und seine Oberfläche feucht zu halten. Durch diese Maßnahmen ist erreichbar, daß Fisch nicht 6 bis 7 Tage, sondern 10—12 Tage seefrisch bleibt.

b) Verwendung entkeimender Zusatzmittel. Zusatzmittel zum Eis sind nach den bisherigen Erfahrungen nur wirksam, wenn der Anfangskeimgehalt gering war. Bei den jetzigen Verhältnissen ist höchstens eine Verlängerung der Haltbarkeit um einen Tag erzielbar. Günstiger ist die Aufbewahrung von Fischen in einer Atmosphäre, die 30—40% Kohlendioxyd enthält. Es wäre hierdurch eine Verdopplung der Haltbarkeit erzielbar, es bereitet aber praktische Schwierigkeiten, den Fischladeraum unter einer so hohen Kohlendioxydkonzentration zu halten.

c) Verwendung von Gefrierverfahren. Ihr Wert ist qualitativ zweifelhaft, wenn das Gefrieren nicht sehr bald nach dem Fang erfolgt, wenngleich ein völliger Verderb hierdurch vermieden zu werden vermag (vgl. Gefrierfische).

Anmerkung. Abschleimen hat auf die Haltbarkeit keinen Einfluß.

Gefrierfische[1].

Hauptveränderungen. Sie sind je nachdem, ob es sich um ganze Fische oder Fischfilets, um Mager- oder um Fettfische handelt, verschieden.

Bei ganzen Fischen wird die Farbe durchbluteter Körperteile bräunlicher, die Augen sinken ein und werden trüb, die Haut wird matt. Sowohl beim ganzen Fisch wie beim Filet werden die Muskelsegmente schlaffer und blättern ab, das Fleisch wird plastischer, beim Genuß schmeckt es — bei zunehmender Lagerzeit in verstärktem Maße — trockener, strohiger als das von frischen Fischen. Gleichzeitig steigt auch der Saftverlust beim Auftauen.

[1] Notevarp, O., u. E. Heen, Z. ges. Kälte-Ind. **47**, 126/140 (1940). — Heiss, R., Die Aufgaben der Kältetechnik bei der Bewirtschaftung Deutschlands mit Lebensmitteln. RKTL.-H. 77, Bd. B., 62 (1938). — Gefriertaschenbuch, VDI-Verlag **1940**, 83.

Bei Fettfischen (Aal, Alse, Brasse, Felche, Heilbutt, Hering, Karpfen, Lachs, Maifisch, Makrele, Rotbarsch und dgl.) trittt zunächs ein sog. „alter" bzw. Kühlhausgeschmack insbesondere an den Bauchlappen in Erscheinung, schließlich schmeckt der Fisch deutlich tranig. Es kann damit auch eine Farbveränderung ins Gelblich-Rötliche Hand in Hand gehen, die durch Spuren von Ammoniak stark beschleunigt wird.

In allen Fällen ist mit der Lagerung ein Verlust durch Verdunstung verbunden (freezer burn), dessen Größe vom Verhältnis Oberfläche zu Gewicht, der Dichtheit der Verpackung und von den Lagerbedingungen abhängt. Auch eine Geruchsbeeinflussung anderer im gleichen Raum lagernder empfindlicher Güter ist zu befürchten.

Die Haltbarkeit nach dem Auftauen von Magerfischen entspricht der von Frischfischen.

Einfluß der Vorbehandlung. Durch Vorlagerung vor dem Gefrieren wird sowohl die Haltbarkeit von Fett- wie auch von Magerfischen stark verringert. Für lange Lagerung sind nur frisch gefangene Fische geeignet. Eine möglichst weitgehende Vorkühlung vor dem Gefrieren ist empfehlenswert. Durch unmittelbares Gefrieren in Sole wird als Folge der darin enthaltenen Metallsalze das Talgigwerden der Fette beschleunigt, während anderseits das nachfolgende Glasieren diesen Vorgang verzögert. Bei Behandlung von Gefrierfilets mit 2% Salz bzw. mit konzentrierter Salzlake verringert sich der Saftverlust beim Auftauen erheblich.

Verpackung. Ganze Fische sollen glasiert und anschließend in dampfdichtes Papier entweder einzeln oder in größerer Anzahl verpackt werden. Große sperrige Fische (Heilbutt, Plattfische) werden häufig nach dem Glasieren zwischen Rohrregalen gelagert, die zweckmäßigerweise durch Vorhänge oder dgl. abzuschließen sind. Das Absplittern der Glasur soll sich vermeiden lassen, wenn dem Glasierwasser 1‰ Benzoesäure zugegeben wird. Fischfilets werden portionsweise in wetterfestes Zellglas verpackt, am besten ungesiegelt, und entsprechend wie Fleisch in Ziegeln gefroren.

Lagerung und Haltbarkeit. Nicht dampfdicht verpackte und versiegelte Fische bzw. Fischfilets müssen in ruhender Luft (stille Kühlung) gelagert werden; insbesondere gilt dies für Fettfische. Bei dampfdichter Verpackung und nicht allzulanger Lagerung ist auch bewegte Kühlung zulässig. Die Stapelung muß so eng wie möglich erfolgen, lediglich am Boden sind Stapellatten erforderlich. Gegen unberohrte Außenwandungen und unter Luftkanälen ist ein Abdecken der Stapel durch Papier und dgl. notwendig.

Ohne Vorlagerung beträgt die Haltbarkeit bei Heringen bei —30° 4—6 Monate, bei —20° 3—4 Monate, bei —6° 2 Wochen, bei 0° 1 Woche. Gefrieren in rasch bewegter Luft, nachträgliches Glasieren in Wasser. Bei Kabeljau beträgt die Haltbarkeit bei —20° 6 Monate, bei —9° 2 Monate. Durch dreitägige Vorlagerung in Eis vermindert sich die Haltbarkeit von Kabeljau bei —20° auf 4 Monate, bei Vorlagerung von einer Woche auf 3 Monate. Bei Heringen verringert schon eine zweitägige Vorlagerung die Haltbarkeit bei —20 bis —28° auf

2 Monate, während eine 12stündige Vorlagerung noch unbedenklich ist. Bodenseefelchen 45 sec glasiert und in wetterfestes Zellglas eingeschlagen, können bei — 18° 2 Monate gelagert werden.

Es scheint, daß unter den Magerfischen Scholle und Schellfisch am wenigsten den Gefrier- bzw. Lagerveränderungen unterliegen.

Gefrorene Fischfilets sollen nicht unmittelbar in kochendes Wasser gegeben werden, da sie sonst zu trocken werden. Es empfiehlt sich, sie in Zellglas verpackt in fließendem Wasser aufzutauen. Zum Backen ist Gefrierfilet etwas besser geeignet als zum Kochen, das Auflegen dünner gefrorener Filets auf die Pfanne ist wenig nachteilig.

Stapelfähigkeit. Gefrorene Karpfen 250—320 kg/cbm. In Filets in Wellpappekartons etwa 790 kg Nettogewicht/cbm, bezogen auf das Volumen des Umkartons ohne Zwischenräume. Einschließlich Gänge rechnet man praktisch mit 1 t/qm bei etwa $2^1/_2$ m Stapelhöhe.

Räucherfische[1].

Hauptveränderungen. Nicht einwandfreie Räucherfische zeigen eine stumpfe, glanzlose evtl. gebleichte Haut mit mehr oder minder Schleimbelag, Muskulatur bräunlich verfärbt, saurer Geruch. Bei mangelhafter Rohware (hoher Bakteriengehalt) nur geringe Haltbarkeit evtl. stärkere Verfärbung der Muskulatur in der Gegend der Wirbelsäule und Fäulnisgeruch im Innern.

Bei langer Kaltlagerung kann Mattwerden und Austrocknen der glänzenden Oberfläche und ein Kühlhausgeschmack auftreten, der bei Fettfischen in einen ausgesprochenen Trangeschmack (evtl. sogar bitteren Geschmack) übergehen kann. Bei Anwendung zu hoher Temperaturen im Gefrierlager (—5 bis —10°) schwammigere Konsistenz.

Herstellung und Verpackung. Es wird zwischen Kalträucherung: 2—4 Tage bei 20—25° in starkem Rauch (insbesondere bei fettem Hering, Lachs, Seelachs) und Heißräucherung: 2—4 Stunden bei 100° unterschieden.

Übliche Verpackung in Holzkisten, die mit Pergamentpapier ausgelegt sind.

Lagerung. Räucherfisch ist keine Dauerware; bei Umgebungstemperatur (10 bis 15°) ist daher die Haltbarkeit von heiß geräucherten Heringen höchstens 3—5 Tage und auch dann nur, wenn mit der Räucherung mindestens ein Gewichtsverlust von 15—25% verbunden war. Dies ist eher bei Bücklingen und Sprotten als bei Schellfisch und Seelachs (bis zu 70% Wassergehalt) gesichert. Bei 20° ist ein rascher Verbrauch erforderlich. Kisten sofort öffnen. Fettfische sollen möglichst wenig der Lichteinwirkung ausgesetzt werden.

Durch Gefrierlagerung läßt sich die Haltbarkeit wesentlich steigern, und zwar beim Hering bei —10° auf 3 Wochen, bei —20 bis 30° auf etwa 4—5 Monate. Bei 0° bis —2° (Gefrierpunkt etwa —3°) beträgt die Haltbarkeit 2 Wochen, ist also nicht wesentlich kürzer als bei

[1] Banks, A., u. G. A. Reay, Report of the Food Investigation Board, S. 104. London: 1936.

—10°. Bei —30° übersteigt die Haltbarkeit von geräuchertem Schellfisch 6 Monate. Lagert man bei Temperaturen zwischen —20° und —30°, so ist Eintrocknung nur wenig zu befürchten. Bei höheren Temperaturen muß aber unbedingt dampfdichtes Verpackungsmaterial (wetterfestes Zellglas oder wetterfestes Pergament) verwendet werden. Insbesondere verlieren Magerfische mehr Wasser als Fettfische. Gefriert man grünen Hering und räuchert ihn nach der Lagerung, so ergibt sich ein erheblich besseres Erzeugnis in bezug auf Aussehen, Konsistenz und Geschmack, als wenn das Gefrieren und die Lagerung im geräucherten Zustand erfolgt.

Nach dem Ausbringen aus dem Kühl- bzw. Gefrierlagerraum ist ein rascher Verbrauch der Räucherfische notwendig, es sei denn, daß durch die Verwendung einer völlig dampfdichten Verpackung (z. B. versiegelte Einsatzbeutel aus wetterfestem Zellglas) ein Feuchtigkeitsniederschlag auf den Fischen vermieden wird.

Stapelfähigkeit. Bei 2 m Höhe und kreuzweiser Lagerung mit Zwischenräumen in Kisten von $2^1/_2$—$12^1/_2$ kg Nettoinhalt 800 bis 900 kg/qm.

Salzheringe.

Hauptveränderungen. Die größte Gefahr bei der Lagerung besteht darin, daß durch unsachgemäße Behandlung Salzheringe tranig werden. Dies ist dann der Fall, wenn die Tonnen nicht gut unter Lake gehalten werden. Der trockenliegende Hering wird unter der Haut gelb, erhält einen tranigen Geschmack und vertrante Ware ist weder zum Rohessen, noch zu Verarbeitungszwecken verwendbar.

Bauchweich werden nur Salzheringe, die in den Monaten Juni und Juli gefangen werden. Sobald die Heringe — und zwar durchschnittlich von Mitte Juli an — Milch bzw. Rogen ansetzen, werden die Bauchlappen widerstandsfähiger, so daß sie sich dann nicht mehr zersetzen können. In der kühleren Jahreszeit gefangene ungefüllte Heringe werden nicht bauchweich.

Durch kleine Salzungsfehler und auch durch zu feste Packungen, kann es vorkommen, daß einzelne Fässer bei längerer Lagerung süß werden. Hierdurch ist die Ware noch nicht verdorben und kann noch für Industriezwecke verwandt werden. Werden süße Heringe aber noch längere Zeit gelagert, dann sind sie für den menschlichen Genuß nicht mehr verwertbar.

Während der Lagerung findet ein Reifungsvorgang statt, der sowohl durch Bakterien wie auch durch Enzyme hervorgerufen wird, die insbesondere im Stück des Enddarmes enthalten sind, der beim Kehlen erhalten bleibt. Dunkel gefärbtes Fleisch ist die Folge von ungenügendem Kehlen (Entfernung von Kiemen, Herz, Magen, einem Teil der Eingeweide, Entbluten), beruht also auf einem Herstellungsfehler.

Verarbeitung. Nur frischgefangene, gut gekehlte Heringe sind zum Salzen geeignet, sofern die Ware zum Rohessen Verwendung finden soll. Die erforderliche Salzmenge richtet sich nach dem Salzungsverfahren, dem Fettgehalt, dem Reifezustand und der Größe der Heringe. Man unterscheidet leicht gesalzene Matjesheringe (8—10% Salz), die praktisch aber nur in Großbritannien und auf Island produziert werden, und stark gesalzene Heringe. Für letztere werden auf 100 kg Frischheringe durchschnittlich etwa 30 kg Salz verwendet. Für die Salzung dürfen nur dichte und gut gereinigte Heringstonnen Verwendung finden.

Während in Großbritannien, Norwegen und Schweden die Salzung wegen der Nähe der Fangplätze an Land durchgeführt werden kann, betreibt Deutschland und Holland die Salzung mit Heringsloggern, welche die Verarbeitung, d. h. das Kehlen und die Salzung gleich an Bord vornehmen. Durch das Einwirken des Salzes wird den Heringen der Wassergehalt entzogen, so daß eine gewisse Schrumpfung der Fische eintritt und im allgemeinen nach etwa 8 Tagen ein Aufpacken der Fässer erforderlich wird.

Lagerung und Vorratspflege. Salzheringe sind vor Hitzeeinwirkung und insbesondere während des Transportes vor Sonnenbestrahlung zu schützen. Die in den Monaten Juni und auch im Juli gefangenen Salzheringe, und zwar insbesondere die Salzheringe deutscher Produktion, sind nicht als lagerungsfähig anzusprechen, sondern müssen, da sie sehr zum Bauchweichwerden neigen, stets schnellstens dem Konsum zugeführt werden. Leicht gesalzene Matjesheringe haben nur im Kaltlager eine ausreichende Haltbarkeit, während sich mittel- und starkgesalzene Heringe bei —5 bis —10° gut lagern lassen. Bei der Lagerhaltung ist besonders wichtig, daß die Fässer stets voll Lake stehen und in Zwischenräumen von 3—4 Wochen nachgelakt werden. Die zum Nachlaken erforderliche Heringslake kann, wenn grobkörniges Fischereisalz dem Lagerhalter nicht zur Verfügung steht, auch in der Weise hergestellt werden, daß in ungekochtem Leitungswasser Speisesalz aufgelöst wird. Die Lake ist stark genug, sobald der Salzhering auf derselben schwimmt.

Bei angebrochenen Fässern muß der Deckel mit Gewichten beschwert werden.

Lagerungsfähigkeit. Matjeshering bei —2,5 bis —5° 6—10 Monate. Mittelgesalzene Heringe bei $\pm$ 0 bis — 5° 8—12 Monate. Starkgesalzene Heringe bei $\pm$ 0 bis — 5° mindestens 1 Jahr; bei Temperaturen bis zu +10° in Kellern und Schuppen bis zu 10 Monaten.

Stapelfähigkeit. Es können 3 Fässer liegend übereinandergestapelt werden, was etwa 900 kg/qm, bei deutschen Fässern, und 960 kg/qm bei norwegischen Fässern entspricht.

Anhang. Klippfische mit einem Salzgehalt von 18—20% und einem Wassergehalt von 40—45% müssen ebenso wie Stockfisch (Wassergehalt 12—18%, Salzgehalt 1,5%) trocken aufbewahrt werden, da sie sonst verschimmeln. Dabei ist Klippfisch gefährdeter als Stockfisch, da er hygroskopischer ist. Klippfische sollen, wenn sie länger als 1 Monat gelagert werden, aus den Ballen entnommen und in Stapel von 3 bis 4 m Länge, 1 m Breite und 1,5 m Höhe aufgeschichtet werden. Die Haltbarkeit von Klippfisch beträgt mehrere Monate, ausgenommen in feuchtem Klima. Stockfisch ist 1 Jahr lagerfähig und gut quellbar.

Fleisch.

Frischfleisch[1].

Hauptveränderungen. Bei hoher relativer Feuchtigkeit und hoher Temperatur Befall durch Bakterien, dadurch auf der Oberfläche Schleimbelag, Fäulnisgeruch und -geschmack; Knochen sind besonders stark gefährdet, Fette und Fettgewebe weniger, doch haften Fremdgerüche am Fettgewebe besonders leicht. Bei niedriger relativer Feuchtigkeit Befall durch Schimmelpilze, starker Gewichtsverlust, Abdunkeln der Oberfläche. Bei Temperaturen über +8° Befall durch Fliegen. Außerdem wird frisches Fleisch von Wespen, Ameisen und Ratten angegangen.

Einfluß der Vorbehandlung. Die Schlachttiere müssen mindestens 24 Stunden vor der Schlachtung ohne Nahrungsaufnahme ausgeruht haben, sonst Gefahr des Auftretens von Fleischvergiftern und schlechte Haltbarkeit. Je sauberer die Schlachtung, desto geringer der Keimgehalt und desto länger die Haltbarkeit. Hauptinfektionsquelle Fell und Darminhalt. Abwischen der Fleischoberfläche mit feuchten Lappen abwegig. Vorteilhaft ist eine rasche Abkühlung möglichst unmittelbar nach der Schlachtung in rasch bewegter kalter Luft in getrennten Räumen. Alle Räume, in denen Fleisch höheren Temperaturen als 8° ausgesetzt ist, müssen mit Fliegengittern an den Fenstern versehen sein.

Günstigste Lagerungsbedingungen. Längste Haltbarkeit bei geringstem Gewichtsverlust bei —1° und einer relativen Feuchtigkeit von 85% bei schwach bewegter Luft. Die Wahl einer mittleren Lagertemperatur von —1° setzt aber voraus, daß örtlich und zeitlich keine stärkeren Temperaturschwankungen als +0,2° herrschen. Bei größeren Temperaturschwankungen entsprechend höhere Temperatur wählen. Meist ist 0 bis —0,5° zweckmäßig. Die Aufhängung erfolgt auf Fleischhaken in der Weise, daß sich die einzelnen Stücke nicht berühren. Haltbarkeit unter diesen Bedingungen bei sauberer Schlachtung bei 0° bis zu 3—4 Wochen, bei —1° etwa 5 Wochen. Bei wenig sauberer Schlachtung, ungenügender Vorkühlung, also Bedingungen wie man sie nicht selten antrifft, beträgt die Haltbarkeit bei Rindfleisch im Kühlraum nur etwa 10 Tage, bei Schweinefleisch 12 Tage, bei Kälbern im Fell 6 Tage.

Wenn der teilweise gefüllte Lagerraum mit nicht völlig durchgekühltem Fleisch beschickt wird, hat dies eine erhebliche Verringerung der Haltbarkeit zur Folge. Durch Lagerung in 10% Kohlendioxyd in gasdichten Räumen bzw. Behältern bei —0,5°, Verdopplung der Halt-

---

[1] Kaess, G., Einfluß von Ozon auf die Haltbarkeit von gekühltem Fleisch. Z. ges. Kälte-Ind. **43**, 152 (1936). — Heiss, R., Untersuchungen über die Verbesserung der Lagerungsfähigkeit von argentinischem Kühlfleisch. Beih. Z. ges. Kälte-Ind. **1937**, Reihe III. — Heiss, R., Die Aufgaben der Kältetechnik bei der Bewirtschaftung Deutschlands mit Lebensmitteln. RKTL.-H. 77, Bd. A u. B. — Heiss, R., Neuere Erkenntnisse über die günstigsten Bedingungen beim Kühlen von Fleisch. Z. Fleisch- u. Milchhyg. **48**, 241 (1938). — Steiner, G., Die postmortalen Veränderungen des Rindermuskels bei verschiedenen Temperaturen. Arch. Hyg. Bakteriol. **121**, 193 (1939).

barkeit. Ozon wirkt in den üblichen Konzentrationen im wesentlichen nur geruchsverbessernd.

Haltbarkeit bei 10° lufttrocken höchstens 10 Tage, bei 20° und trockener Luft höchstens 5 Tage, bei feuchter Luft höchstens 1 bis 2 Tage.

Während der ersten Tage findet eine Reifung des Fleisches statt, die insbesondere bei Rindfleisch geschmacklich ins Gewicht fällt. Die Zunahme an Zartheit ist um so stärker und dauert um so länger, je älter und zäher das Stück war; im Mittel ist bei jüngeren Tieren bei ±0° in 5—6 Tagen eine genügende Zartheit erreicht, bei +10° in 3 bis 4 Tagen.

Stapelfähigkeit. Rindfleisch, Schweinefleisch etwa 250 kg/qm.

Ergänzung: Weichwurst.

(Weiche Rohwurst, Leberwurst, Blutwurst und dgl.)

Hauptveränderungen durch Schmierigwerden der Oberfläche und Sauer- sowie Weichwerden des Inhalts, schließlich bakterieller Verderb, wobei die frische Farbe mißfarbig, grau und das Fett gelb oder grünlich wird.

Wichtigste Vorbedingung für eine ausreichende Haltbarkeit ist die Verarbeitung von sauber geschlachtetem, rasch durchgekühltem, frischem Wurstgut, sind saubere Därme, saubere und schnelle Verarbeitung in kühlen Räumen, gut arbeitender Fleischwolf, gute Räucherung. Letztere bereitet bei hohen Außentemperaturen insofern Schwierigkeiten, als Roh- und Kochwurst dabei durch Schmelzen des Fettes weich wird; sie kann dann schon in der Rauchkammer sauer werden, würde es aber bestimmt nach wenigen Tagen. Besonders wesentlich für die Haltbarkeit ist, daß der Fabrikationsbetrieb nicht mehr Aufträge annimmt, als er rasch zu verarbeiten in der Lage ist.

Bei Leber- und Blutwurst kommt zu den bereits genannten Ursachen noch zu schwaches Kochen sowie Abräuchern der Wurst, bevor sie völlig abgekühlt ist. Insbesondere im Sommer ist es notwendig, die Wurst vor dem Räuchern in Kühlräumen auf 12—15° abzukühlen. Das Verpacken darf erst im durchgekühlten Zustand erfolgen. Zur Vermeidung der Gefahr eines späteren Schwitzens darf die Abkühlung nach dem Räuchern nur auf Umgebungstemperatur in kühlen Räumen erfolgen. Abweichend hiervon muß, wenn in der warmen Jahreszeit der Versand in Kühltransporteinrichtungen erfolgt, die Ware vor dem Transport auf 0 bis 5° abgekühlt und nach dem Transport sofort ausgepackt und luftig aufgehängt werden.

Die Haltbarkeit hängt maßgebend von der Herstellung ab, bei sorgfältig hergestellter, gut geräucherter Weichwurst in kühlen und gut belüfteten Räumen beträgt sie bis 3 Wochen. In der warmen Jahreszeit kann gute Kochwurst immerhin 8 Tage haltbar sein, schlecht hergestellte kaum 2 Tage.

Anmerkung. Alle Weich- und Kochwurstarten im Kunstdarm sind ausgezeichnet zum Gefrieren geeignet. Die Haltbarkeit in mit wetterfestem Zellglas ausgelegten Umkartons beträgt bei —15 bis —18° mindestens 1 Jahr. Die Haltbarkeit nach dem Auftauen ist die gleiche wie bei frischer Wurst, es muß lediglich darauf geachtet werden, daß die Würste nicht nach dem Auftauen eng verpackt in einer feuchten Atmosphäre verbleiben.

Gefrierfleisch[1].

(Schweine im Ganzen und in Hälften, Rinder in Vierteln, Fleisch in Ziegelform.)

Hauptveränderungen. Dunklere Fleischfarbe. Gelbliche Farbe und Talgigwerden des Fettes. Nach längerer Lagerung soll die äußerste Lage des Fettes bei offener Lagerung möglichst für industrielle Zwecke verwendet werden. Am Fettgewebe bleiben Fremdgerüche leicht haften. Gewichtsverlust durch Verdunstung. Nieren und Lebern neigen zu Oberflächenänderungen durch Austrocknen beim Einfrieren; Zunge, Herz, Bries dagegen nicht. Veränderungen nach dem Auftauen vgl. Frischfleisch.

Einfluß der Vorbehandlung. Nur Schlachtvieh, das den Anforderungen der Güteklasse A entspricht, Güteklasse C ist nur bedingt geeignet; nur junge und gesunde Schweine von gutem Mastzustand, keine Eber, Sauen. Mindestens halbtägige Ruhezeit vor dem Schlachten, besser 24—48 Stunden. Jede Verletzung des Schlachttieres muß vermieden werden. Da jede Verunreinigung des Fleisches dessen Haltbarkeit nach dem Auftauen gefährdet, muß die Schlachtung so sauber wie möglich durchgeführt werden. Beim Auf- und Abhängen der Hälften bzw. Viertel sind Brüche der Wirbelsäule zu vermeiden. Vor dem Eingefrieren sind die im ausreichenden Abstand aufgehängten Tierhälften in einem kalten Luftstrom möglichst auf 0° vorzukühlen. Der Versand zum Eingefrierraum darf nur in sauberen gekühlten Transportmitteln erfolgen, wobei die Tierhälften bzw. -viertel ebenfalls nicht zu dicht hängen dürfen. Schweine bzw. Rinder, die im Kern nicht auf mindestens + 5° abgekühlt sind, dürfen auch in Kühlwaggons auf lange Strecken nicht versandt werden. Schweine mit übelriechenden Stellen oder mit auch nur teilweisem Schleimbelag dürfen nicht mehr eingefroren werden. Fleisch für Kleinpackungen, insbesondere Rindfleisch, muß vor dem Einfrieren 4—5 Tage bei ± 0° reifen.

Eingefrieren. Dieses erfolgt zweckmäßigerweise in einem kalten Luftstrom von hoher Geschwindigkeit (Tunnel). Wo in dieser Weise nicht möglich, auf Stellagen oder an Transportbahnen locker gehängt in einem Eingefrierraum bei kräftiger Luftumwälzung. Je Quadratmeter Bodenfläche etwa 6 halbe Schweine bzw. 4—5 Rinder bzw. 5 bis 6 Schafe (etwa 250—300 kg/qm). Das Einfrieren ist beendigt, wenn im Kern —6 bis —7° herrschen. Mittlere Einfrierdauer für Rinderviertel in einer Gefrierschleuse etwa 1 Tag, im gewöhnlichen Einfrierraum

[1] Kiermeier, F., u. R. Heiss, Untersuchungen über die Haltbarkeit von Rinder- und Schweinefettgeweben bei tiefen Temperaturen. Z. ges. Kälte-Ind. **46**, 91 (1939). — Anweisung zum Einfrieren und Lagern von Schweinen. Herausgegeben von der Reichsstelle für Tiere und tierische Erzeugnisse, 1939. — Gefriertaschenbuch (W. Baer). VDI-Verlag **1940**, 59.

3—5 Tage, für Schweinehälften 2—4 Tage, für Schafe 1—2 Tage. Niere, Herz, Bries, Zunge, Magen, Ochsenschweif und dgl. werden zweckmäßigerweise in bewegter Luft bei — 8° oder tieferen Temperaturen auf Gestellen eingefroren oder aber auch in Papier eingeschlagen fertig verpackt in Kartons in Ziegelform.

Verpackung. Fleisch in Hälften oder Vierteln ohne Verpackung; argentinisches Rindfleisch in Baumwollsack, der von einem Jutesack umgeben ist.

Rindfleisch bzw. Schweinefleisch ohne Knochen wird in wetterfestem Zellglas verpackt. Saubere Entbeinungstische ohne Ritzen und Spalten. Die Zerlegung darf nur soweit gehen, als es unbedingt erforderlich ist; die kurzen Rippenstücke bei Schweinen werden nicht ausgelöst. Entweder erfolgt das Einfrieren in konischen Rahmen, die mit billigerem Papier zur Vermeidung des Anklebens ausgeschlagen sind, und das Einschlagen in wasserdampfdichtes Papier und in Kartons erfolgt nachträglich oder aber das Einfrieren erfolgt in dem Lagerkarton ohne Deckel, gegebenenfalls mit Pappeeinlagen zur Unterteilung in kleinere Stückgrößen. Zur Vermeidung des Sprengens der Kartons beim Einfrieren werden sie zweckmäßigerweise in einem Eisenrahmen zusammengefaßt. Die Deckel werden nach dem Einfrieren auf die Kartons aufgesetzt. Umkarton aus Wellpappe. Zwischen Verpacken und Einfrieren muß die Zeitspanne möglichst kurz sein.

Lagerung. Die Viertel bzw. Hälften werden auf saubere, geruchlose Stapelhölzer 100×120 mm gelegt, die in Richtung der Luftströmung liegen; auch von den Wänden und von Pfeilern sind entsprechende Abstände zu halten. Dies gilt auch für Fleisch in Ziegelform. Bei der untersten Lage Schwartenseite nach unten, bei allen übrigen Schwartenseite nach oben; entweder alle Hälften in einer Richtung oder abwechselnd längs und quer. Zwischen den Kanälen keine Stapelung bis zur Decke, weil hierdurch die Luftverteilung gestört werden kann.

Beim Auf- und Abstapeln dürfen die Viertel bzw. Hälften nur gelegt, nicht geworfen werden.

Lagertemperatur: Für 12 Monate Lagerzeit — 15°, für 6 Monate — 12°, für 2 Monate mindestens — 3,5°. Gefrierleber nur bei — 15°.

Während der Lagerung sollen die Räume nur mit Taschenlampen betreten werden. Ozonisieren ist abwegig.

Gefrierfleisch, das nicht in wetterfestem Papier verpackt ist, soll nur in ruhender Luft gelagert werden. Außenwände müssen mit Kühlrohren versehen sein. „Gefrierziegel“ sind in weit geringerem Maße Oxydations- und Gewichtsänderungen bei der Lagerung ausgesetzt.

Gewichtsverlust in 6—9 Monaten: Rinder 2,3%, halbe Schweine 2%, ganze Schweine 1,5%, Schafe 2,5%.

Stapelfähigkeit. 3,2 m hoch; Schweine: 1,35 t/qm (etwa 28 halbe Schweine), Rinder: 1,2 t/qm (15—16 Viertel). Fleisch in Ziegelform in Wellpappekartons 700 kg Nettogewicht/cbm; unter Berücksichtigung der Fugen zwischen den Kartons 560 kg/cbm, 3,2 m hoch etwa 1,8 t/qm.

Auftauen. Bei bewegter Luft bei + 2 bis 4° und einer relativen Feuchtigkeit von 75%. (Gefrierpunkt — 1°.) Dauer bis im Kern 0°

erreicht ist: Bei Schweinen 3—4 Tage, bei Rindervordervierteln 4, bei Rinderhintervierteln 5 Tage, bei Schafen 3 Tage. In Tunnels mit rasch bewegter getrockneter Luft läßt es sich beschleunigen.

Bei Fleisch in Ziegelform ist ein Auftauen vor dem Kochen nicht unbedingt erforderlich, vor dem Braten aber ratsam; das Auftauen kann bei Zimmertemperatur erfolgen. In der unverletzten Großpackung mit 36 kg Inhalt beträgt die Haltbarkeit bei sommerlicher Witterung 5 Tage. Nach dem Auftauen ist dampfdicht verpacktes Fleisch nur noch kurze Zeit haltbar, auch wenn die Temperatur des Fleisches nur 5 bis 10° beträgt. Bei gleicher relativer Feuchtigkeit und Temperatur ist dagegen Gefrierfleisch nach dem Auftauen nicht weniger haltbar als entsprechendes Frischfleisch. Gefrierfleisch aus schlachtfrischem Fleisch reift nach dem Auftauen rascher als Frischfleisch und erscheint dadurch mürber.

Geflügel.

Hauptveränderungen. *Kühllagerung und gewöhnliche Lagerung.* Zunächst wird der Geruch leicht säuerlich und es stellen sich schmierige Stellen sowie eine leichte grünliche Verfärbung am Hals, an den Flügeln und an der Kloake ein, die später kräftiger wird; die Muskeln werden dann blauviolett. An den schmierigen Stellen bilden sich weiße und schwarze Schimmelpilzkolonien. Der nahe Verderb kündet sich durch Hervorheben der Kloake bzw. der gesamten Kloakengegend an. Der Geruch wird dabei schon stinkig und schließlich faulig und damit verdorben. Dabei lassen sich bei stinkigen Gerüchen oft anatomische Besonderheiten wie blasiger Darm, weißgetüpfelte Leber, zerfließende Leber bzw. Niere und dgl. feststellen.

Gefrierlagerung. Hauptfehler im Geschmack im Fett des Geflügels, welches talgig wird und dann alt, süß, tranig, fischig oder talgig schmekken kann. Bei langer Gefrierlagerung pflegt das Unterhautfett auszubleichen. Bei nicht entdarmten Gänsen kann auch eine grünliche Verfärbung des Fettes auftreten. (Beigeschmack bis zur Ungenießbarkeit.) Infolge der Enzymtätigkeit kann die Leber eine weißlich-gelbe Verfärbung aufweisen und sich weitergehend auflösen. Bei zu hoher Lagertemperatur (über —8°) können sich im Körperinnern von entdarmtem Geflügel noch Mikroorganismen entwickeln. Hauptfehler im Aussehen (Schönheitsfehler) durch Eintrocknen der Oberfläche, insbesondere der Haut des Rückens und des Brustbeines (store burn).

Einfluß der Vorbehandlung. Wichtig sind vollständiges Ausbluten sowie hygienische Schlachtbedingungen. Das Rupfen soll trocken erfolgen; es kann auch nach kurzfristigem (30—35 Sekunden) Vorbrühen bei 55 bis 75° gerupft werden (Gefieder von Fettgänsen und Enten), woran sich eine Abkühlung in Eiswasser anschließen kann. Nach dem Rupfen der großen Federn und einem nachfolgenden Trocknen im Luftstrom bei 33° wird in den Vereinigten Staaten das Geflügel häufig in Wachs von 53° eingetaucht und dieses mit dem Rest der Federn nach dem Erhärten in kaltem Wasser abgezogen. Die Haltbarkeit von trocken gerupftem Geflügel ist am besten, gebrühtes Geflügel sollte für die

Lagerung weniger in Betracht gezogen werden. Die Abkühlung erfolgt in Kisten, die mit Pergamentpapier ausgelegt sind und auf Luke gestapelt werden oder offen auf Gerüsten, die mit Haken und Rädern ausgerüstet sind. Die Abkühlung soll bei rascher Luftbewegung bei 0° und hoher relativer Feuchtigkeit erfolgen und dauert 8—24 Stunden. Wegen der unvermeidlichen Infektion beim Entdarmen (Abreißen des Darmes) ist die Haltbarkeit von ausgenommenen Hühnern nach dem Auftauen geringer als die von unausgenommenen; schon nach 8—10 Stunden beginnen bei Umgebungstemperatur die ersten Zersetzungserscheinungen. Für Lagerzwecke eignet sich stets nur erstklassige und völlig frische Ware; stockfleckiges oder schmieriges Geflügel, das schon eine lange Vorlagerung oder lange Vortransporte hinter sich hat, ist hierfür ungeeignet.

Einfrieren. In der amerikanischen Literatur wird durchweg die Bedeutung des Schnellgefrierens mit der raschen Zersetzlichkeit des Geflügels bis zum Eintritt des Gefrierens begründet, doch ist dieser Grund wohl nur für nicht oder nicht genügend rasch abgekühltes und insbesondere für ausgenommenes Geflügel gültig. Das Geflügelklein wird hierbei in Pergament- bzw. Wachspapier gewickelt und in die Körperhöhle eingelegt, die Köpfe gesondert eingewickelt. Unmittelbare Berührung mit Sole soll wegen der Schutzwirkung der Haut die Haltbarkeit des Geflügels nicht verringern, doch ist bei längerer Vorratshaltung wegen der autoxydativen Wirkung der in Salzlösungen enthaltenen Metallsalze auf den Fettverderb, mit dem Solegefrieren Vorsicht geboten. Rebhühner und Fasanen werden mit Federn gefroren. Nach dem Einfrieren wird Geflügel in den Vereinigten Staaten zur Verzögerung der Austrocknung des Hautgewebes und wohl auch zur Verringerung der Fettveränderungen gelegentlich mit Wasser glasiert.

Einfrierzeit beim Gefrieren von Hähnchen in Sole 1 Stunde, von Enten 2 Stunden, beim Einfrieren in auf Luke gestapelten Kistchen bei einer Lufttemperatur von —14 bis —16° und 8—12fachem Luftwechsel bei Hühnern und Enten je nach Größe und Ernährungszustand 36 bis 60 Stunden, bei Gänsen und Truthähnen bei —16 bis —18° 60—84 Stunden. Durch Auflegen der Kistchen auf Kühlrohre kann man dabei die Gefrierzeit abkürzen, selbstverständlich auch durch stärkere Luftbewegung beim Gefrieren in Tunnels. Bei hoher Luftgeschwindigkeit wird die Austrocknung der Oberfläche größer.

Das Einfrieren ist als beendet anzusehen, wenn die Innentemperatur —7° beträgt.

Verpackung. Kistchen, die mit Pergamentpapier ausgeschlagen sind; das Papier wird zweckmäßigerweise beim Einfrieren aufgeschlagen. Das Geflügel darf nur in einer Lage liegen. Die Packung darf nicht zu straff sein. Auch die einzelnen Hühner werden in Pergamentpapier eingeschlagen. Besser als die Einzelverpackung in Pergamentpapier ist kaschierte Aluminiumfolie oder ersatzweise wetterfestes Zellglas oder Wachspapier, welches versiegelt wird. Schnellgefrorenes Geflügel auch in evakuierten Latexbeuteln.

Lagerung und Haltbarkeit[1]. Bei —1° 6, höchstens 8 Wochen, bei 0° etwa 4 Wochen. Geflügel, das nicht binnen 3 Wochen dem Verbrauch zugeführt werden kann, wird zweckmäßigerweise eingefroren. Stapelung der Kistchen auf Luke (Stapelfähigkeit 150—200 kg/qm) oder in Regalen. Gaslagerung in Kohlensäure bringt keine Vorteile, da die Veränderungen im Kühllager teils autolytischer Natur sind. Bei —8 bis —9° Gänse und Enten 2—4 Monate, Hühner 3—5 Monate.

Hühner bei —15° und einer relativen Feuchtigkeit von 95—100% etwa $1^1/_2$ Jahre. Der Hauptqualitätsabfall, insbesondere im Fett, findet dabei in den ersten Monaten statt. Bei Stapelung in Kisten ohne Zwischenräume etwa 700 kg/qm bei 3 m Höhe, bei Gänsen etwa 800 kg/qm. Gewichtsverlust beim Einfrieren etwa 1,5—2%, bei einer 9monatigen Lagerung von in Wachspapier eingewickelten Hühnern in mit Pergamentpapier ausgelegten Kisten 1,7—2,8% bei —8,5°, und 0,27—1,1% bei —21°. Bei —14° sowie 90% relativer Feuchtigkeit eingetrocknete Stellen (store burn) nach 5 Monaten, bei 85% nach 2—3 Monaten; bei —21° und 90% nach 8 Monaten, bei 85% nach 5—6 Monaten. Schnellgefrorenes Geflügel in Kartonpackungen 350 bis 400 kg/cbm.

Schnelles Auftauen in Wasser hat eine stark verminderte Nachlagerungsfähigkeit zur Folge gegenüber dem Auftauen in Luft, das bei +5° je nach Größe des Geflügels 24—36 Stunden dauert. Haltbarkeit von nicht ausgenommenen Hühnern nach dem Auftauen bei +5° höchstens 2 Wochen, bei +20° höchstens 1—2 Tage. Haltbarkeit von ausgenommenen Hühnern höchstens die Hälfte dieser Zeit. Ebenso wie die Haltbarkeit im Gefrierlager wird aber die Nachlagerungsfähigkeit ausschlaggebend vom Frischezustand beim Einfrieren beeinflußt.

Dauerfleisch[2].

(Fetter und magerer Speck, Räucherschinken.)

Hauptveränderungen. Befall durch Fleischfliege und durch Käsefliege bzw. deren Larven, insbesondere bei magerem Speck an feuchten Stellen in Spalten und Rissen; weiterhin Befall durch Mäuse, gelegentlich durch Speckkäfer, Schinkenkäfer und Diebkäfer.

Ranzigwerden des Fettes insbesondere bei fettem Speck als Folge einer zu hohen Lagertemperatur und von Lichteinwirkung, welche das Ranzigwerden beschleunigen. Abtropfen von Fett bei zu hoher Lagertemperatur; Feuchtwerden des Specks bei zu hoher relativer Feuchtigkeit.

Fäulnis (schleimiger Belag, Fäulnisgeruch) infolge unrichtiger Herstellung (Stichstellen am Hals, mangelhaftes Pökeln); derartige Waren sind für eine Dauerlagerung nicht geeignet.

Wachstum von Schimmelpilzen einerseits bzw. zu starke Verdunstung anderseits bei zu hoher bzw. zu niedriger relativer Feuchtigkeit der

[1] KIERMEIER, F., Die Lagerung von Suppenhühnern bei tiefen Temperaturen. Vorratspflege u. Lebensmittelforsch. **2**, 31 (1939).

[2] KOENIG, „Dauerfleisch und Dauerwurst zur Versorgung von Heer und Volk". Berlin 1916.

Raumluft. Gefährdung anwachsend mit steigender Lagertemperatur, bei fettem Speck gering.

Einfluß der Auswahl und Vorbehandlung. Die Haltbarkeit von Dauerfleisch hängt ab von der Tierrasse, der Tierernährung, der Sauberkeit der Schlachtung, rascher Kühlung, Räucherung, Trocknung, Dauer der Vorlagerung. Als nicht haltbar sind anzusehen: Stücke von Schulter, Hals, Kinnbacken, Rückenstücke mit Rückgrat, knochige und rissige Stücke; die Fleischstücke sind so zu schneiden, daß sich keine feuchten Spalten und Risse ergeben, in denen der Fäulnisprozeß beginnt und welche günstige Entwicklungsmöglichkeiten für Fliegengelege bilden. Beim Absägen der Knochen dürfen die im Fleisch verbleibenden Knochenreste nicht losgerissen werden.

Für Dauerfleisch eignet sich in erster Linie Schinken mit Knochen (Knochenschinken), Schinken ohne Knochen (Spaltschinken), Rippenstücke (Kotelett mit Fett), Bauchstücke (Magerspeck). Schinken mit Knochen müssen besonders sorgfältig getrocknet und geräuchert werden, wenn Oberflächenfäulnis am Knochen vermieden werden soll. Mit Fischerzeugnissen gefütterte Schweine eignen sich, insbesondere wenn diese Ernährung bis zur Schlachtung gedauert hat, für eine längere Lagerung als Dauerfleisch nicht. Am besten für die Herstellung von Dauerfleisch sind gesunde, mittelfette Tiere geeignet (100—120 kg Lebendgewicht). Die Schweine müssen vor der Schlachtung gut ausgeruht gewesen sein. Dauerfleisch von jüngeren Tieren ergibt höhere Gewichtsverluste. Gute Natursalzung und gute trockene Räucherung sind besonders wichtig. Fleisch für Dauerlagerung muß unbedingt genügend durchgetrocknet sein, insbesondere bei anschließender Kaltlagerung.

Günstigstes Lagerklima. 1. Lagerung bei ± 0 bis $-0{,}5°$ und einer relativen Feuchtigkeit von 75% bei schwach bewegter Luft. Stapelung auf Rosten oder auf Stapellatten, wobei die schweren Stücke unten liegen müssen, Schwartenseiten nach unten. Kreuzweise Stapelung im Hinblick auf ausreichende Luftzirkulation günstig. Vorteil der Kaltlagerung: Hohe Platzausnützung, kein Befall durch tierische Schädlinge, Verzögerung des Ranzigwerdens des Fettes, Verringerung des Gewichtsschwundes, keine Schwierigkeiten in der Regulierung von Temperatur und relativer Feuchtigkeit. Wenn die Ware gut abgetrocknet eingelagert wurde, auch Verhütung von Schimmelpilzwachstum. Im Hinblick auf ein gutes Aussehen und um ein Schleimig- und Schimmligwerden zu vermeiden, muß Dauerfleisch in der wärmeren Jahreszeit im Kühlhaus im warmen, trockenen Luftstrom entfrostet werden (Abb. 4). Würde Ware aus dem Kaltlagerraum entnommen und dann aufeinandergeschichtet werden, so ist Schmierig- und Schimmligwerden kaum zu vermeiden. Ist eine Entfrostung nicht möglich, so empfiehlt sich, bei allerdings gegenüber 0° verringerter Haltbarkeit, die Einhaltung einer Lagertemperatur von 6 bis 8°. Die Lagerung im Kaltlager empfiehlt sich insbesondere im Sommer und wenn eine lange Haltbarkeit ins Auge gefaßt wird.

2. Lagerung bei Umgebungstemperatur aber möglichst nicht bei Temperaturen über $+12$ bis 15°. Relative Feuchtigkeit keinesfalls über

70%. Nach oben ist wegen des verstärkten Wachstums von Schimmelpilzen keine Steigerung wünschenswert. Es darf demnach bei feuchtem Wetter nicht gelüftet werden, insbesondere ist im Frühjahr Vorsicht geboten. Auch bei starker Temperaturerhöhung nach längerer kalter Witterung darf nicht gelüftet werden, da sich die dicken Fleischstücke nur langsam erwärmen und, bis diese Erwärmung nicht stattgefunden hat, Kondensationserscheinungen auf der kalten Fleischoberfläche unvermeidlich sind (vgl. hierzu „Getreide“ und Abb. 4). Eine zu trockene Lageratmosphäre sowie zu starke Luftzirkulation hat übermäßige Schwundverluste zur Folge. Fetten Speck ausgenommen, ist ein mäßiger Luftumlauf im Lagerraum erwünscht. Zur Belüftung müssen die Räume auf gegenüberliegenden Seiten Fenster besitzen. In Kellerräumen ohne genügende Belüftungsmöglichkeit, ist eine längere Lagerung nicht möglich. Der Lagerraum muß unbedingt völlig abgedunkelt sein und sollte nur mit Taschenlampen betreten werden. Die Lüftungsgitter sind mit feinmaschigen Fliegengittern abzudichten, durch sie darf kein direktes Sonnenlicht in den Lagerraum fallen. In der Nähe der Fenster müssen Leimstreifen aufgehängt bzw. befestigt werden, da die Fliegen stets dem durch Ritzen dringenden Schein zufliegen (Abb. 5).

Das Dauerfleisch wird an Rauchspießen so aufgehängt, daß sich die Fleischstücke nicht berühren. Bei 2 m Höhe lassen sich 2—3 Lagen aufhängen. Einhüllen des Dauerfleisches in Baumwolle-Gazebeutel verringert die Gefahr der Eiablage. Es wird als günstig angesehen, durch den Lagerraum von Zeit zu Zeit kalten Buchensägemehlrauch ziehen zu lassen.

Wegen des Einflusses der Witterung und der Vorbehandlung auf den Gewichtsverlust lassen sich verallgemeinernde Angaben über den Lagerschwund nicht machen. Beobachtet wurden Gewichtsverluste von 8—15% in den Winter- und 25% in den Sommermonaten. Im Kaltlagerraum dürften sie in 6 Monaten 10% nicht überschreiten.

Transport. Für den Bahnversand auf weitere Entfernungen kommt nur gut geräuchertes und trockenes Dauerfleisch von einwandfreier Beschaffenheit in Betracht. Räucherspeck soll in der heißen Jahreszeit möglichst nicht versandt werden. Ein Kühltransport von Dauerfleisch empfiehlt sich nur, wenn die Ware vorher durchgekühlt und anschließend entfrostet werden kann. Auf dem Frachtbrief soll vermerkt werden: „Sofort entladen.“

Spezielle Behandlungsvorschriften. Feststellung des Ranzigwerdens des Specks, bzw. des Fleischverderbs in unmittelbarer Nähe der Knochen durch ein schmales langes Messer oder durch Holzspeile und Prüfung des Geruchs. Prüfung regelmäßig wiederholen. Vor der nächsten Prüfung Abwaschen des Stahles in heißem Wasser und Abreiben. Holzspeile werden jeweils erneuert.

Bei von Maden befallenem Dauerfleisch nachteilig veränderte Stellen ausschneiden.

Schleimige, übelriechende Stellen müssen ausgeschnitten, das Reststück abgewaschen, nachgeräuchert und möglichst rasch verausgabt werden, da die Ware nicht mehr haltbar gemacht werden kann. Nach dem Abwaschen muß in reichlich klarem Wasser nachgewaschen werden. Schimmelpilze werden mit lauwarmem Salzwasser (0,5%) abgewaschen; nach dem Abwaschen wird das noch anhaftende Wasser mit kühler trockener Zugluft entfernt. In schweren Fällen Abkratzen bzw. Abschälen der befallenen Stellen. Spalten, Risse und feuchte Stellen, die insbesondere bei magerem Speck auftreten, sowie Stellen, an welchen die Knochen hervortreten, sollen mit fein gemahlenem Pfeffer bestreut werden.

Lagerungsfähigkeit. Haltbarkeit im Kaltlagerraum mindestens 1 Jahr, wahrscheinlich erheblich länger.

Bei +12 bis 15° kann man bei gutem Ausgangsmaterial und einwandfreien, gleichmäßigen Lagerbedingungen mit folgenden Haltbarkeitszeiten rechnen: Geräucherter Rollschinken 2 Monate, geräucherter Vorderschinken bis zu 6 Monaten, geräucherter Hinterschinken und Dauerfleisch bis zu 6—9 Monaten, geräucherter Speck bis zu 6—9 Monaten.

Stapelfähigkeit. Im Kaltlagerraum im Stapel 800 kg/qm; aufgehängt Speck je nach Größe 250—300 kg/qm, aufgehängt Schinken je nach Größe etwa 400 kg/qm (beides ohne Gänge gerechnet).

Dauerwurst.

Hauptveränderungen. Bei zu feuchter Lagerung, wie sie u. a. auch bei stagnierender Luft vorliegt, entwickelt sich aus dem oberflächlichen trockenen Belag ein mehr oder weniger zusammenhängender Schimmelpilzrasen, der sich nur durch Abwaschen entfernen läßt. Bleibt die Wurst zu lange in feuchter Luft hängen, dann quillt die Wursthülle und kann durchwachsen werden. Das Wurstgut nimmt einen muffigen, ranzigen Geschmack an und wird schließlich ungenießbar.

Bei zu trockener Lagerung und bei zu starker Luftbewegung verliert die Wurst zuviel Wasser, gleichzeitig wird sie — insbesondere wenn sie viel Rindfleisch enthält — sehr hart.

Durch hohe Lagertemperaturen werden beide Veränderungen begünstigt, außerdem wird das Fett weich und schmierig und neigt stärker zum Ranzig- bzw. Seifigwerden.

Befall durch Speckkäfer, Diebkäfer, Milben, Mäuse und Ratten.

Einfluß der Herstellung. Für die Herstellung von Rohwurst sind nur gut genährte, nicht zu junge Tiere geeignet. Das Fett soll aus festem Rückenspeck bestehen, keinesfalls aus schmierigem Fett von Schweinen, die mit Fischen gefüttert wurden. Kopffleisch sollte nicht verwendet werden. Fleisch und Fett müssen von einer frischen Schlachtung stammen und vor der Verarbeitung völlig durchgekühlt sein. Schlechtgestopfte Würste neigen zum Verderben. Es sollen nur solche Därme verwendet werden, die gegebenenfalls auch mehrmaliges Abbürsten vertragen. Fettdarm ist nicht geeignet.

Das Trocknen muß möglichst langsam erfolgen. Ein Abhängen von mindestens 6 Wochen vor dem Versand genügt zur Erzielung einer haltbaren Ware; je nach der Witterung kann sie aber auch kürzer oder länger sein. Zu rasch getrocknete Würste bekommen einen dunklen Rand und werden innen leicht grau und sauer; für eine Dauerlagerung sind sie ungeeignet. Grobe Wurst verliert mehr Wasser durch Verdunstung als feine Wurst. Für Dauerlagerung geeignete Rohwurst muß schnittfest, trocken und durchgerötet sein, insbesondere wenn sie kaltgelagert werden soll.

Günstigstes Lagerklima. Dauerwürste können auf zweierlei Weise gelagert werden:

1. Für lange Lagerzeiten, insbesondere bei einer Lagerung über den Sommer hinweg, empfiehlt sich, die Lagerung in Kisten bzw. Kartons bei —0,5° und einer relativen Feuchtigkeit von 75—80% vorzunehmen. Hierdurch wird das Wachstum von Schimmelpilzen vermieden, der Verdunstungsverlust verringert und die Raumausnützung verbessert. Gefrieren soll vermieden werden, gefrorene Bestände müssen aber nicht unbedingt nachteilig verändert sein. Im Lagerraum müssen Temperatur- und insbesondere Feuchtigkeitsschwankungen vermieden werden, wie sie durch Einbringen von Waren, die Feuchtigkeit abgeben, und von großen Mengen von nicht durchgekühltem Gut hervorgerufen werden.

2. Lagerung bei Umgebungstemperatur möglichst nicht bei Temperaturen über +12 bis 15° und bei einer relativen Feuchtigkeit von etwa 70% locker aufgehängt in schwach bewegter Luft. Zu niedrige Feuchtigkeitsgrade (60% und darunter) haben ohne zu nützen nur hohe Eintrocknungsverluste zur Folge. Lüftung nur bei kühlem und trockenem Wetter, im Sommer in den frühen Morgenstunden. Die Räume müssen abgedunkelt sein, weil durch Licht das Talgigwerden des Fettes beschleunigt wird. Der Lagerraum muß auf gegenüberliegenden Seiten Fenster besitzen, bei sehr tiefen Räumen ist die Anbringung von Deckenventilatoren zweckmäßig. Mittlerer Gewichtsverlust im ersten Monat nach dem „Reifen" etwa 7—10%, im zweiten Lagermonat etwa 5%. Wegen des Einflusses der Jahreszeit, des Durchmessers der Würste und der Viehqualität und dgl. ist aber eine Verallgemeinerung kaum möglich. Im Sommer und, wenn eine sehr lange Lagerung beabsichtigt ist, sollen Dauerwürste grundsätzlich im Kaltlagerraum aufbewahrt werden.

Vorratspflege. Für die Lagerungsart (1) kommen nur gut durchgetrocknete Würste im Kunstdarm vom gleichen Durchmesser in Betracht. Die Kisten bzw. Kartons sollen mit wasserdampfdichtem Papier (lackiertes Zellglas, -Pergament, -Pergamin) ausgelegt werden. Die untersten Kisten müssen auf Dachlatten oder auf Roste gestellt werden.

Bei der Lagerungsart (2) müssen die Würste sofort ausgepackt werden, man hängt sie so auf Holzstangen auf, daß sie sich nicht berühren. Macht sich auf den Würsten ein schleimiger Belag bemerkbar, so müssen sie in lauwarmem Salzwasser (0,5%) abgewaschen und mit reichlich sauberem kalten Wasser nachgespült werden; hierauf werden die Würste abgetrocknet und das dann noch anhaftende Wasser im kühlen, trockenen Luftstrom entfernt. Nachräuchern im kalten Rauch ist günstig, aber nur dann erforderlich, wenn die Anfälligkeit groß war. Würste, die lediglich beschlagen sind und einen trockenen, weißen Rasen aufweisen, dürfen nicht abgewaschen werden. Nimmt der trockene Belag überhand, so kann man ihn mit einem trockenen, weichen Lappen entfernen. Die Tücher sind häufig zu wechseln. Das Abwischen soll nicht im Lagerraum erfolgen. Keinesfalls dürfen Würste abgekratzt werden. Eine allgemeine Regel für die Häufigkeit der Nachbehandlung von Dauerwurst läßt sich nicht angeben, nicht selten ist die erste Behandlung schon nach wenigen Wochen erforderlich, manchmal aber erst nach Monaten je nach der Zusammensetzung des Wurstgutes, der Tierrasse, Tierernährung und besonders je nach dem Wassergehalt und dem Lagerklima. Einölen der Würste ist wenig wirksam, wenn die Feuchtigkeit hoch ist.

Bei der Lagerungsart (1) müssen die Würste bei der wärmeren Jahreszeit möglichst im unmittelbaren Anschluß an die Auslagerung aus den Kartons bzw. Kisten aufgehängt und in trockener Luft abgetrocknet und darauf frisch verpackt werden. Im Anschluß daran tritt vor 10—14 Tagen kein stärkerer Schimmelpilzbelag auf, während beim unmittelbaren Auslagern ohne Abtrocknenlassen bei warmer Witterung die Würste schon nach 2 Tagen verschimmelt sein können.

Für einen längeren Transport geeignete Würste müssen eine harte und feste Konsistenz besitzen und trocken sein. Im übrigen gelten hierfür die gleichen Gesichtspunkte wie bei Dauerfleisch.

Lagerungsfähigkeit. Haltbarkeit im Kaltlagerraum bei —0,5° mindestens 1 Jahr, bei manchen Wurstarten wahrscheinlich erheblich länger.

Im aufgehängten Zustand kann man bei +12 bis 15° und 70% Feuchtigkeit mit folgenden Haltbarkeitszeiten rechnen: Harte Zervelatwurst und harte Salami 6 Monate, Ungarische Salami bis zu 1 Jahr, Plockwurst 3—6 Monate, Tee- und Mettwurst 1 Monat, Dauerkochwurst 2 Monate.

Mit steigender relativer Feuchtigkeit und Temperatur der Umgebung nimmt die Haltbarkeit rasch ab. Pemmikan-Dauerwurst ist z. B. bei +0° und 90% Feuchtigkeit nur $1^1/_2$ bis zu 2 Monate haltbar, dagegen bei +19° und 70% relativer Feuchtigkeit 4 Monate, bei +9° und 80% relativer Feuchtigkeit 8 Monate.

Um zu vermeiden, daß die Schnittflächen angeschnittener Dauerwürste braun werden, müssen sie mit Aluminiumfolie bedeckt werden.

Stapelfähigkeit. In 2 m hohen Verschlägen aufgehängt auf Stangen 200 kg/qm ohne Gänge. In Kisten (ohne Zwischenräume gerechnet) bis zu 500 kg/cbm.

Anhang. Dauerwürste und Dauerfleisch werden für den Versand in die Tropen entweder in Pergament eingewickelt oder in Leinen eingenäht und dann in Kisten mit Weißblecheinsätzen in vorher getrocknetem Salz verpackt oder mit Jelamasse (springt leicht ab) überzogen und in Kisten gelegt, die mit trockenem, sterilisiertem Haferhäcksel aufgefüllt werden. Gelegentlich werden sie auch mit Leinen umnäht und mit Kalk übergossen in Kisten gelegt. Besser ist das Tauchen der Würste in Paraffin-Oppanolgemische bzw. Überzüge aus Kunststofflösungen oder -emulsionen (letztere durchlässiger) oder die Verwendung von Kunststoffhüllen, welche nach dem Einbringen der Fleischerzeugnisse evakuiert und gasdicht verschlossen werden, doch ist dieses Gebiet noch mitten in der Entwicklung. Jedenfalls ist für die Wirksamkeit aller dieser Verfahren Voraussetzung, daß das Verhältnis von Wasser zur fett-, wasser- und mineralsalzfreien Muskelsubstanz $\leqq 1{,}2$ ist.

Gemüse (einschl. Kartoffeln).

Frischgemüse

(ausgenommen Kohl, Zwiebeln).

Hauptveränderungen. Der Verderb durch Überreife und Schimmelpilze steht nicht im gleichen Maße wie bei Obst im Vordergrund, wichtiger ist die Qualitätseinbuße durch Schrumpfung und durch Bakterien (Schleimigwerden). Immerhin kann das Ende der Haltbarkeit bei Tomaten, Möhren, Spargeln, Sellerie und Blumenkohl evtl. durch Schimmelpilze gegeben sein, und Erbsen können beim Lagern bitter, Frühkohlrabi holzig werden. Bei Tomaten und Gurken ist die Lagerungsfähigkeit oft auch durch Bildung weicher Zonen, insbesondere an den Aufliegestellen, begrenzt. Die Qualitätseinbuße durch Verdunstung ist bei Arten mit großer Oberfläche im Vergleich zum Gewicht (Spinat, Petersilie, Rosenkohl, Erbsenschoten, Bohnen, Blumenkohl, Salat) besonders ausgeprägt. Auch der Gehalt an Vitamin C und A geht bei der Lagerung zurück. Besonders gut haltbar sind die Wurzelgemüse (Möhren, Sellerie, Pastinake, Winterrettich, Schwarzwurzel) und die Kohlarten. Eingemietete Gemüse werden von Mäusen befallen; die auf dem Feld verbleibenden Gemüse werden durch Wild geschädigt.

Qualität. Wie bei Obst ist die Ausgangsqualität für die Haltbarkeit ausschlaggebend. Nur Güteklasse A der Reichseinheitsvorschriften ist geeignet. Grundsätzlich darf Gemüse nicht naß und nicht mehr nach stärkeren Frostperioden eingelegt werden. Nur völlig frische, ungewaschene, normal gedüngte Ware ohne Fraßstellen aus gesunden Beständen ist geeignet. Vollreife, aber nicht Überreife. Werfen, Umschütten, Umpacken (insbesondere bei Tomaten, Gurken, Blumenkohl) muß vermieden werden, da Gemüse mit Druck-, Schlag- oder Stichstellen zur Lagerung nicht geeignet ist. Tomaten und Gurken müssen mit Stielen, Kohlsorten mit Umblatt eingelagert werden, bei Wurzelgemüse (Möhren, Sellerie) sind die Blätter bis auf einen kleinen Rest abzudrehen.

Verpackung für die Kaltlagerung. In Einheitssteigen, die bei besonders zum Austrocknen neigenden Sorten — insbesondere wenn lange Lagerung beabsichtigt ist — mit wasserdampfdichtem Papier (am besten mit wetterfestem Zellglas) ausgelegt werden. Möhren auch in Säcken. Bohnen auch in Körben.

Kaltlagerung[1]. Der Gefrierpunkt fast aller Gemüse liegt knapp unter $\pm 0°$. Eine Lagerung bei $\pm 0°$ ist am günstigsten. Ausnahmen bilden Rosenkohl (—1 bis —3°) und Bohnen (+3 bis 4°). Letztere neigen zu Kaltlagerkrankheiten. Relative Feuchtigkeit im Lagerraum 90 bis 93%, stille Kühlung oder sehr schwache Luftbewegung, aber gelegent-

[1] HEISS, R., Die Aufgaben der Kältetechnik bei der Bewirtschaftung Deutschlands mit Lebensmitteln. RKTL.-H. 77, Bd. D, 41. Berlin 1938. — SCUPIN, L., Kühlfibel. Berlin 1940.

liche Frischbelüftung. Die untersten Steigen werden auf Kantholz gesetzt, das in Richtung der Luftströmung liegt. Steigen, die unmittelbar unter Ausströmöffnungen von Luftkanälen liegen, müssen mit Papier abgedeckt werden. Bei der hohen relativen Feuchtigkeit ist möglichst weitgehende Temperaturkonstanz wichtig.

Poree, Schwarzwurzeln, Petersilienwurzeln, Grünkohl und Rosenkohl vertragen den Frost gut und können bis Januar auf dem Feld bleiben.

	Haltbarkeit	*Gewichtsverlust* %
Blumenkohl	6—8 Wochen	—
Bohnen	2—3 Wochen	3—5
Dill, Petersilie	6—10 Wochen	—
Erbsen in Schoten	1—2 Monate	10—20
Gurken	1—3 Wochen	—
Salat	3 Wochen	—
Möhren	5—6 Monate	10—12
Rettich	4—6 Monate	—
Rhabarber	3—4 Wochen	—
Rosenkohl	2—2$^1/_2$ Monate	12—15
Lauch	1—3 Monate	—
Sellerie	5—6 Monate	5—10
Spargel	4 Wochen (im Keller 4 Tage)	6
Spinat	2—2$^1/_2$ Monate	5—10
Tomaten	1$^1/_2$ Monate	2—3

Für den Kühltransport empfindlicher Gemüse (Spargeln, Tomaten, Spinat, Bohnen und dgl.) gilt das beim Frischobst Gesagte.

Stapelfähigkeit. Spargeln und Tomaten in Einheitssteigen etwa 300 kg/cbm. — Spinat in Blumenkohlsteigen etwa 100—120 kg/cbm.

Anhang.

Einmieten von Gemüse[1].

Hierfür sind aus dem Sortiment des Reichsnährstandes folgende Wintersorten besonders gut geeignet.

Möhren: Lange rote Stumpfe ohne Herz, Rote Riesen, auch Sudenburger.

Sellerie: Alabaster, Apfel, Imperator, Magdeburger Markt, Oderdörfer u. a.

Pastinake: Student.

Rettich: Münchner Bier, runder Schwarzer, langer Schwarzer.

Weißkohl: Winter Dauer weiß (Westfalia, Langendijker).

Rotkohl: Winter Dauer rot (Westfalia, Langendijker).

Wirsingkohl: Winter Dauer (Westfalia, Langendijker). Hierbei ist Scheunenlagerung der Mietenlagerung stets überlegen.

Petersilie: Lange glatte, Halblange.

Schwarzwurzeln: Einjährige Riesen.

Porree: Carentan, Elefant, Brabanter, letztere werden wegen ihrer Widerstandsfähigkeit im allgemeinen im freien Land belassen.

[1] Vgl. hierzu auch „Kartoffeln“ und „Kopfkohl“, sowie J. REINHOLD, Richtlinien für das Einmieten. Obst- u. Gemüse H. 10 (1940).

Das einzumietende Gemüse muß gesund, unbeschädigt und gut ausgereift sein. Normal gedüngtes Gemüse hält sich am besten. In der Miete sind Temperaturen knapp über 0° erwünscht. Die Mieten werden in der Regel in Nordsüd-Richtung angelegt.

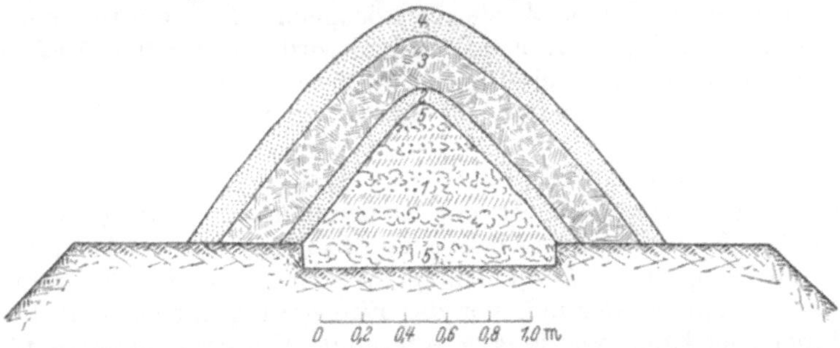

Abb. 7. Gemüsemiete: 1 Wurzelgemüse mit reinem, trockenem Sand geschichtet (eine Handbreit hoch Gemüse, darauf Sand geschichtet, so daß alles richtig bedeckt ist). 2 10 cm dicke trockene Sand- oder Erdschicht. 3 Sperriges Material, 30 cm starke Schicht, oder Glasfasermatte von 20—30 mm Stärke. 4 Deckerde 15 cm stark. 3 und 4 erst beim Eintreten von stärkerem Frost aufbringen, bei milderem Wetter wieder lüften. 5 Dränagestränge zur Belüftung der Miete; bei Frosteintritt mit Stroh verstopfen. Ein laufender Meter der Miete enthält etwa 250 kg Wurzelgemüse. Diese Mietenform ist im allgemeinen zu bevorzugen. (Nach REINHOLD.)

Von Möhren, Sellerie und Rettich wird das Laub abgedreht. Bei Kohlrüben wird das Laub abgebrochen, bei Roten Rüben abgeschnitten. Bei Sellerie entfernt man die überflüssigen Seitenwurzeln. Waschen muß unbedingt unterbleiben.

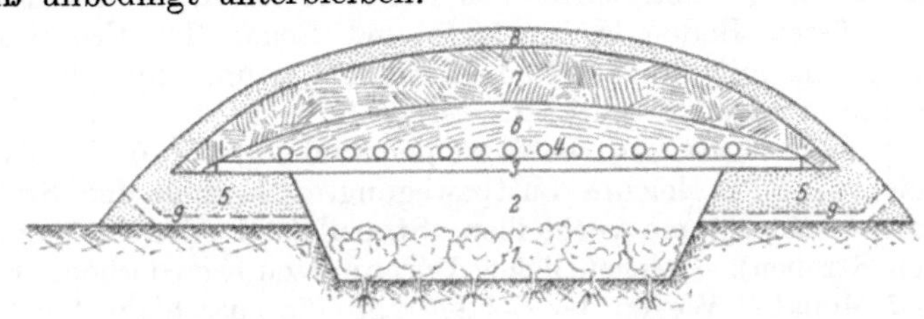

Abb. 8. Gemüseeinschlag: 1 Kopfkohl mit oder ohne Strunk, schlechte und zu starke Deckblätter abgemacht. 3—4 Umblätter können verbleiben. 2 Hohlraum. 3 Bohnenstangen quer über den Einschlag gelegt. 4 Bohnenstangen längs darüber. 5 Aufgeschüttete Erde. 6 Decke aus Langstroh und Laub. 7 Sperriges Material (20 cm starke Schicht) oder Glasfasermatte von 20—30 mm Stärke. 8 Deckerde 5 cm stark. 9 Dränagestränge zur Belüftung der Miete. Bei Frosteintritt mit Stroh verstopft. Breite des Einschlages je nach Stangenlänge. Bei 1,50 m Breite kann 1 m Einschlaglänge etwa 50 kg Kopfkohl (netto) fassen. Ähnliche Einschläge lassen sich aus leerstehenden Frühbeeten herrichten. Diese Einschlagform gibt beim Knollensellerie besonders gute Ergebnisse. (Nach REINHOLD.)

Die günstigste Zeit für das Einmieten ist November. Das Einmieten muß bei trockenem Wetter vorgenommen werden. Ausführung der Miete vergleiche Abb. 7 und 8.

Kopfkohl[1].

Hauptveränderungen. Frostschäden erkennbar als glasige Stellen und durch Bräunung innerer Partien. Rotherz (Verfärbung der Kern-

[1] Vgl. TILGNER, D. J., Z. ges. Kälte-Ind. **44**, 136 (1937) und Anweisungen der Studiengesellschaft für Technik im Gartenbau, Berlin. — SCUPIN, L., Z. ges. Kälte-Ind. **36**, 108 (1939). — RKTL.-Merkblatt über die Lagerung von Kopfkohl; herausgegeben von der Hauptvereinigung der Deutschen Gartenbauwirtschaft.

partien) und Schwarzfleckigkeit der Blätter und Rippen wohl als Folge ungenügender Luftzufuhr und unsachgemäßer Jauchedüngung. Befall durch Schimmelpilze, insbesondere an Druckstellen sowie durch Bakterien bedingte Fäulnis, Strunkfäule, Abplatzen der Blätter als Folge von Überreife und von Wachstumstörungen. Da zweckmäßigerweise mit 3—4 losen Umblättern eingelagert wird, die bei der Auslagerung entfernt werden, spielt eine leichte äußere Schimmelpilzbildung bzw. Austrocknung der Außenblätter eine untergeordnete Rolle. Bei ordnungsgemäßer Lagerung ist der Vitamin C-Verlust gering, der Zuckerverlust allerdings größer.

Qualität. Herbstkohl ist zur Dauerlagerung nicht geeignet, nur Spätkohl. Kohl, der Frost bekommen hat, eignet sich ebenfalls nicht mehr zur Lagerung. Bei feuchtem Wetter geernteter Kohl muß in offenen Scheunen oder dgl. vor der Einlagerung abtrocknen, da Kohl im Innern der Köpfe viel Wasser aufnimmt. Nur gesunde unbeschädigte (kein Befall durch Läuse oder Raupen), feste und reife Köpfe mit 2 bis 4 Umblättern sind zur Dauerlagerung geeignet. Zu spät geernteter „überreifer“ Kohl ist weniger gut haltbar. Keinesfalls darf Kohl geworfen werden. Die Strünke müssen so geschnitten werden, daß scharfe Kanten, welche Druckstellen erzeugen können, vermieden werden.

Verpackung und Transport. Am besten sind durchlässige Lattenkisten bzw. Spezialsteigen mit 30—35 kg Inhalt, in denen zur Vermeidung von Transport- und Verladeverletzungen auch die Anlieferung vorgenommen werden soll. Läßt sich ein loser Transport nicht vermeiden, so müssen Boden, Stirnwände und Ecken der Erntewagen und der Waggons mit Stroh, alten Strohmatten und dgl. gepolstert und die Köpfe auf Lücke gestapelt werden.

Lagerung. Günstigste Lagerbedingungen sind: 0 bis —0,5°, relative Feuchtigkeit von 85%, leichte Luftbewegung. Zwischen den Steigen müssen Luftzwischenräume verbleiben (Stapellatten oder Steigen mit verlängerten Streben). Gelegentliches Durchputzen erforderlich. Haltbarkeit 6—7 Monate. Wegen der Sortenfrage, die ausschlaggebend ist, vergleiche Spezialliteratur[1].

Auslagerung. Kohl muß nach Beendigung der Lagerung abgeblattet und der Strunk neu verschnitten werden. Verluste durch marktfertiges Herrichten bei Rot- und Weißkohl 6—8%, bei Wirsingkohl 12—15%. Nachlagerungsfähigkeit etwa 2—3 Wochen.

Stapelfähigkeit. In kg/cbm (2,5 m Stapelhöhe ohne Gänge): Rotkohl etwa 300, Weißkohl etwa 260, Wirsingkohl etwa 220.

Lagerung in Scheunen. Die angegebenen günstigsten Lagerbedingungen lassen sich in Scheunen nicht mit gleicher Genauigkeit einstellen. Es gelingt aber eine weitgehende Annäherung, wenn die Scheunen richtig gebaut und bedient werden. Kohlscheunen haben zur Erreichung einer gleichmäßigen Durchlüftung zweckmäßigerweise quadratischen Querschnitt. Der Boden besteht aus Lehmestrich, die Außenwände werden unter Verwendung von Isoliermaterialien hergestellt. Fenster sollten besser nicht vorgesehen werden. Zur Abführung des durch

[1] SCUPIN, L., Kühlfibel, S. 8. Berlin 1940.

Atmung entstehenden Wasserdampfes und der Atmungswärme sowie zur Ausnützung der tieferen Nacht- und Morgentemperaturen, zur Aufrechterhaltung der günstigsten Lagertemperatur ist eine gleichmäßige Belüftung des Lagerraumes erforderlich. Eine einwandfreie Belüftungsart ist in Abb. 9 dargestellt. Die Luftzufuhrkanäle sollen allseitig so knapp über dem Boden einmünden, wie es im Hinblick auf Regenwasser möglich ist, etwa 0,3 qm Querschnittsfläche besitzen und mit Schiebern und Gittern ausgerüstet sein; man rechnet auf 150 qm Lagerfläche 1 qm Querschnittsfläche an Zufuhrkanälen und etwa 0,7 qm an Ab-

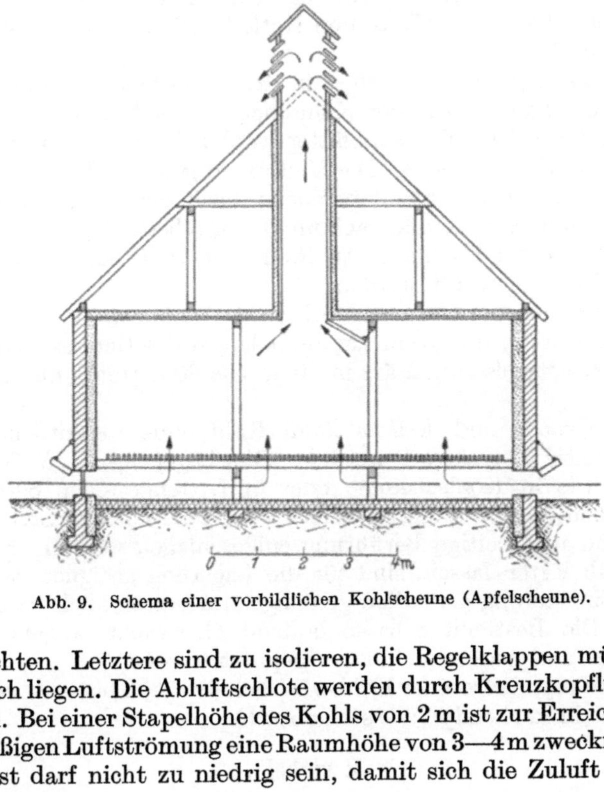

Abb. 9. Schema einer vorbildlichen Kohlscheune (Apfelscheune).

luftschächten. Letztere sind zu isolieren, die Regelklappen müssen möglichst hoch liegen. Die Abluftschlote werden durch Kreuzkopflüfter abgeschlossen. Bei einer Stapelhöhe des Kohls von 2 m ist zur Erreichung einer gleichmäßigen Luftströmung eine Raumhöhe von 3—4 m zweckmäßig. Der Lattenrost darf nicht zu niedrig sein, damit sich die Zuluft unter ihm verteilen kann.

Die Kohlstapel werden pyramidenförmig, unterste Lage Strunk nach unten, Kopf auf Kopf angeordnet, und zwar nach Sorten getrennt. Insbesondere bei längeren Transportwegen bis zur Einlagerstelle empfiehlt sich die Lagerung mit Umblatt. Sobald sich faule Stellen zeigen, müssen die faulen Teile und geplatzten Köpfe entfernt werden. Das Umsetzen muß nach Bedarf im Lauf des Winters 2—6 mal erfolgen. Wo die Möglichkeit dazu gegeben ist, empfiehlt sich stets ein teilweiser oder völliger Einbau des Lagerraumes in den Erdboden.

Besser ist die Haltbarkeit — mindestens von Weiß- und Rotkohl — sowie die Raumausnützung in Kohlsteigen. Zwischen den Umfassungsmauern und den Stapeln muß ein Gang von mindestens 50 cm Breite verbleiben. In der Mitte befindet sich ein 80 cm breiter Brettergang.

Zur richtigen Regelung des Luftzustandes muß die Temperatur im Innern des Stapels und im Schatten außerhalb des Gebäudes verfolgt werden. Die Messung der relativen Feuchtigkeit im Innern der Kohlscheune ist ratsam. Im Anschluß an die Einlagerung muß bei der nächsten kühlen Witterung stark gelüftet werden. Besteht in strengen Wintern Gefahr, daß eine Temperatur von —0,5° unterschritten wird, so müssen die Stapel mit einer etwa $^1/_2$ m hohen Strohschicht oder mit Säcken überdeckt werden. Anfang März können die Gesamtverluste in der Kohlscheune bei Weiß- und Rotkohl schon 30%, bei Wirsingkohl 40% ausmachen.

Die Lagerung des Kopfkohles in *Mieten* bringt etwa gleiche Ergebnisse wie die Lagerung in der Kohlscheune. Es dürfen nur feste Köpfe eingemietet werden. Die Umblätter werden bis auf 3—4 entfernt, der Strunk wird abgeschnitten. Die Miete wird gemäß Abb. 7 hergerichtet, doch 1,50 m breit und entsprechend hoch gemacht. Lagerung der Köpfe mit dem Strunkende nach unten. Die beste Zeit der Einmietung des Kohles ist der Oktober. An Stelle der Miete kann auch der Einschlag (Abb. 8) gewählt werden.

Die Lagerung in den Mieten bringt bis März etwa 30—40% Verlust. Der Verderb steigt um so stärker an, je länger das Gemüse in den Mieten lagert. Verluste bis zum März in Höhe von 60% treten nur bei Fehlern auf.

In *Erdgruben* und *Kellern* kann Kohl ohne wesentliche Verluste nur kurzzeitig eingelagert werden. Die Lagerung in *Kellern* erfolgt entweder wie in Kohlscheunen oder in Lattengestellen oder in einer 25 cm hohen Sandbettung, in welche die Köpfe mit den Strünken nach unten ohne gegenseitige Berührung eingeschlagen werden. Nur Keller, welche sich lüften lassen, sind für die Lagerung geeignet. Sie müssen vor der Einlagerung gründlich gereinigt, am besten auch frisch gekalkt werden. Die Bestände müssen laufend überwacht, abgeblattet, umgeschichtet und gegebenenfalls ausgeputzt werden.

Anmerkung. Erfrorener Kohl wird bei etwa —3 bis —4° geschnitten und sofort in kochendes Wasser gebracht.

Zwiebel[1].

Hauptveränderungen. Im Frühjahr mit Eintritt wärmerer Witterung: Keimen der Zwiebel, außerdem Verluste durch Wachstum von Schimmelpilzen am oberen und am unteren Ende und an verletzten Stellen, beschleunigt im feuchten Zustand. Rückgang des Zuckergehaltes. Schwundverluste durch Verdunstung. Verluste durch Kopffäule bei Einlagerung von Zwiebeln aus kranken Feldern.

Qualität. Zur Einlagerung sollen nur Säzwiebeln später Ernte (September) verwendet werden. Keine Überdüngung. Am wichtigsten

[1] Scupin, L., Kühlfibel, S. 10. Berlin 1940. — RKTL.-Merkblatt über die Lagerung von Zwiebeln. Herausgegeben von der Hauptvereinigung der Deutschen Gartenbauwirtschaft.

ist eine trockene, feste, voll ausgereifte Zwiebel aus gesunden Beständen (ohne Kopffäule), ohne Beschädigungen durch Fraß, Schlag oder Druck. Die Schlotten müssen vor der Ernte natürlich abgestorben sein und durch Abreißen entfernt werden. Die Ernte darf nur bei trockenem Wetter mit der Hand vorgenommen werden. Die Zwiebel muß trocken in den Lagerraum kommen und zu diesem Zweck bis zum vollkommenen Austrocknen auf dem Feld bleiben. Zwiebeln, die bei feuchtem Herbstwetter zu spät geerntet werden, sind wenig haltbar. Zwiebeln mit „dicken Hälsen“ sollen nicht gelagert werden.

Abb. 10. Kaltlagerraum für Zwiebeln in einem deutschen Großkühlhaus.

Verpackung und Transport. Säcke aus luftigem Gewebe oder Lattenkisten mit 25 oder 50 kg Fassungsvermögen. Transport ohne Umschütten und Werfen so schonend wie möglich unter Verwendung von Strohunterlagen in belüfteten Waggons.

Kaltlagerung. In Reichseinheitssteigen oder in Säcken, letztere in Gestellen aus Lattenrosten, 3 Sack übereinander (Abb. 10). Lagertemperatur —2 bis —2,5°; bei —3° erfriert ein Teil der Zwiebeln, bei höheren Temperaturen ist mit verstärkter Fäulnis und mit Keimwachstum im Spätfrühjahr zu rechnen. Relative Feuchtigkeit 75—80%. Haltbarkeit 8—9 Monate, Gewichtsverluste 3—4%, Fäulnisverluste bis zu 5%. Stapelfähigkeit in 3 m hohen Regalen 750 kg/qm.

Auslagerung. Kühlzwiebeln müssen vor der Auslieferung, die üblicherweise bei wärmerer Witterung stattfindet, im warmen, trockenen Luftstrom entfrostet werden.

Ist eine Entfrostung nicht möglich, so müssen die Säcke bzw. Steigen bei guter Belüftung sehr locker gestapelt werden, damit der Feuchtigkeitsniederschlag rasch verdunsten kann. Nach der Auslagerung sollen Kühlzwiebeln spätestens binnen 3 Wochen verbraucht sein. Nach dieser Zeit kann der Verlust durch Auskeimen je nach der Länge der Kühllagerung bei warmer Witterung schon 20—30% betragen. Lagert man Zwiebeln in Stickstoff, so ist der Auskeimverlust nach der Auslagerung erheblich geringer. Erfrorene Zwiebeln müssen unmittelbar nach dem Auftauen verbraucht werden.

Zwiebelscheunen (vergleiche Kohlscheunen). Für die Winter- und Frühjahrsversorgung kann die Zwiebellagerung in Scheunen und auf Böden im Anbaugebiet stattfinden. Wegen ihrer Empfindlichkeit gegen hohe Feuchtigkeit sind Zwiebeln für die Einlagerung in Kellern und Mieten nicht geeignet. Besser ist eine Überwinterung in trockenen Räumen in starker Stroheinbettung.

Kartoffel[1].

Hauptveränderungen. Schädigung durch Erfrieren; erfrorene und wieder aufgetaute Kartoffeln fallen bei der Aufbewahrung völlig zusammen, werden schleimig und genußuntauglich. Phytophthora-Knollenfäule (Braunfäule) sowie Naßfäule. Bei Temperaturen über 4° tritt auch Schimmelpilzwachstum stärker in Erscheinung.

Im Frühjahr Nährstoffverluste durch Auskeimen bei Temperaturen über 4 bis 4,5°, bei Temperaturen unter 5° wird der beim normalen Stoffwechsel entstehende Zucker nicht mehr schnell genug veratmet, so daß die Kartoffel süß wird. Süßwerden bei Temperaturen über dem Gefrierbeginn des Zellsaftes ist weitgehend umkehrbar, bei längerer Nachlagerung bei 10—15° wird der Zucker veratmet und die Kartoffel hierdurch wieder entsüßt. Schwundverluste bei der Lagerung durch Veratmung, durch Verdunstung, zum Teil aber auch durch Abfallen von Erde. Durch Zutritt von Sonnenlicht zum Lagerraum wird das Auskeimen beschleunigt und die Kartoffel grün. Am besten scheint Dämmerlicht zu sein. Weiterhin sind starke Verluste durch Mäuse möglich. Bei der üblichen Lagerung ist der Verlust durch Fäulnis nur etwa $^1/_4$ desjenigen durch Verdunstung. Durch chemische Konservierungsmittel ließ sich keine wesentliche Haltbarkeitsverlängerung nachweisen.

Lagerung. Bei der Einlagerung müssen die Kartoffeln eine feste Schale aufweisen, reif und trocken sein; angefaulte und beschädigte Knollen müssen sorgfältig ausgelesen werden, ein Stoßen und Werfen ist unzulässig. Das Einlagern stark braunfauler oder naßfauler Knollen ist wegen der raschen Fäulnisausbreitung zwecklos. Anhaftende Erde soll entfernt werden (Kartoffelharfe), da die Erde Fäulniserreger enthält. Glattschalige Kartoffeln sind nicht so gefährdet wie solche mit rauher Schale bzw. mit tiefliegenden Augen oder mit Schorfbefall. Vor der Einlagerung ist zur raschen Verkorkung und Erzielung eines schnellen Wundverschlusses eine 10—14tägige Vorlagerung bei 10 bis 15° empfehlenswert.

[1] KIERMEIER, F., u. G. KRUMBHOLZ, Lagerversuche mit Kartoffeln. Vorratspflege und Lebensmittelforschung 4 (1942).

Günstigste Lagertemperatur +3,5 bis 4°, bei hoher relativer Feuchtigkeit und möglichst geringer Luftbewegung. Die relative Feuchtigkeit soll 90—95% betragen. Bei der Kellerlagerung ist im allgemeinen die Temperatur zu hoch und die relative Feuchtigkeit zu niedrig. Bei der Mietenlagerung können bis zum März/April die Temperaturen zwischen ±0° und +4° gehalten werden, mit dem Eintritt der wärmeren Witterung steigt aber die Temperatur rasch an und die Kartoffeln beginnen zu keimen.

a) Lagerung in Kellerräumen. Räume mit Heizungsröhren sind für Kartoffellagerung nicht geeignet. Die gesamte Grundfläche muß mit einem hohen Lattenrost ausgelegt werden oder man lagert die Kartoffen in Kisten, die auf Stapellatten gesetzt werden. Bei dem üblichen Fall, der Lagerung ohne Kisten, sollen ebenfalls genügend hohe Roste sowie alle 4—5 m Entlüftungsschächte von den Abmessungen 0,35×0,35 m angebracht werden, die den Stapel um mindestens $^1/_2$ m überragen. Die zulässige Schütthöhe ist 1—1,2 m, besser ist aber eine niedrigere Schüttung, insbesondere für diejenigen Kartoffeln, welche auch noch im Frühjahr lagern sollen. Stapelfähigkeit etwa 650 kg/cbm. In größeren Lagerkellern muß um den Stapel ein Gang freigehalten werden, der notfalls mit Stroh- oder Heuballen aufgefüllt werden kann. Zur Ableitung des durch Verdunstung im Stapel entstehenden Wasserdampfes sind mit Drehklappen ausgerüstete Entlüftungsschächte an der Decke erforderlich (vgl. Kohlscheunen). Im Winter ist tagsüber, im Frühjahr und Herbst nachts zu lüften. Gegebenenfalls muß durch Isolierung der Decke vermieden werden, daß sich Wasserdampf an der Decke kondensiert und auf die oberste Lage tropft. Läßt sich wegen eintretender kalter Witterung eine Temperatur von 2° im Stapel nicht mehr aufrechterhalten, dann ist er zunächst durch eine $^1/_2$ m hohe Strohschicht abzudecken: weiterhin müssen die Fenster bei eintretendem Frost durch Strohmatten, Preßstrohballen oder dgl. abgedichtet werden. Sinkt trotzdem die Temperatur im Stapel weiter, so muß der um den Stapel liegende Gang mit Stroh oder Heu ausgefüllt oder der Raum geheizt werden. Letzteres ist unbedingt erforderlich, wenn die Temperatur des Bodens unter 0° sinkt. Nach Aufhören des Frostes müssen die isolierten Schichten entsprechend abgehoben werden, weil sonst infolge der Atmungswärme die Temperatur im Stapel zu stark ansteigt. Für eine einwandfreie Lagerung ist eine laufende Kontrolle der Temperatur des Stapels, der Lufttemperatur im Raum und der Außentemperatur erforderlich. Fäulnisstellen müssen rechtzeitig entfernt werden. Die Temperatur im Stapel muß in $^2/_3$ Höhe von unten gemessen werden. Die Kellerlagerung ist mit den höchsten Verlusten durch Schwund und Keimung verbunden; bis Mitte April können sie 25 bis 35% betragen.

b) Die Lagerung in Schuppen bietet in strengen Wintern keine genügende Sicherheit gegen Einfrieren; anderseits wird durch das erforderliche Heizen die Luft trocken und dadurch der Verdunstungsverlust hoch. Diese Lagerungsart kommt deshalb nur als Behelfslösung in Betracht. Außer dem Einbau von Heizöfen ist es notwendig, die

Wände mit Preßstoffballen und den Boden mit 20 cm Torfstreu zu isolieren; die Kartoffeln werden auf einen hohen Lattenrost höchstens 1,20 m hoch geschüttet und mit Stroh abgedeckt. Die Temperatur der Kartoffeln muß dauernd verfolgt werden (vgl. Kellerlagerung).

c) *Lagerung in Mieten.* Mieten sollen im allgemeinen in Nordsüdrichtung angelegt werden. Westostrichtung ist nur da zu empfehlen, wo regelmäßig im Winter kalte Ostwinde vorherrschen. Ein schattiger, windstiller Platz ist vorzuziehen, doch dürfen Mieten unter Bäumen ebensowenig angelegt werden wie in Mulden mit mangelhafter Regenwasserabfuhr. Zwischen den Mieten ist zur Ermöglichung des Abfahrens mit Wagen abwechselnd ein Zwischenraum von 5,5 m und von 2,5 m zu belassen. Es ist besser, mehrere kurze als wenige lange Mieten anzulegen, weil hierdurch das Risiko bei Entnahme im Winter verringert und das Abfahren und Sortieren beschleunigt wird. Wegen der Gefahr des Eindringens von Regenwasser ist ein Ausheben der Mietensohle insbesondere bei lehmigem Boden nicht zweckmäßig. Die Sohlenbreite soll 1,2—1,5 m, die Höhe 1 m, höchstens 1,2 m sein.

In der Regenzeit geerntete Kartoffeln sollen in einem Schuppen in etwa 30 cm Höhe bei guter Durchlüftung vor dem Einmieten abtrocknen. Die Kartoffeln müssen unbedingt möglichst trocken in die Miete gelangen. Da die Kartoffeln trotzdem meist etwas feucht in die Mieten gelangen, ist es zweckmäßig, zur Belüftung einen dreieckigen Lattenrost von 30—35 cm Breite und 20—25 cm Höhe in der Mitte der Mietensohle anzulegen. Die Abstände der Latten dürfen nicht so groß sein, daß die Kartoffeln hindurchfallen. Die beiden Enden des Rostes müssen aus der Miete herausragen. Die Kartoffeln werden nach dem Aufschütten zunächst mit einer 20 cm starken Schicht aus glattem, trockenem Roggenlangstroh eingedeckt (ca. 60 kg Stroh für 1 t Kartoffeln). Das Auflegen des Strohes erfolgt so, daß die Halme vom First der Miete zum Boden zeigen und am Fuß der Miete nicht mit den Kartoffeln abschneiden, sondern auf den Boden gezogen werden. Bei Mangel an Stroh können auch Wacholder-, Kiefern- oder Fichtenzweige — aber kein Kartoffelkraut — verwendet werden. Das Abdecken soll möglichst frühmorgens bei kalter Witterung an trockenen Tagen erfolgen. Auf den First der Miete wird nach Auflage von etwa 5 cm Stroh ein Erntebalken gelegt, den man ebenfalls mit Stroh abdeckt. Auf die gesamte Strohdecke mit Einschluß des Firstes legt man eine 10—15 cm starke Erdschicht. Dabei ist die Verwendung von sandigem, trockenem Erdreich besonders günstig. Bei Vorhandensein von trockenem Sand kommt auch in Betracht, daß die Kartoffeln unmittelbar mit Sand bedeckt werden (Abb. 7), anschließend Roggen-, Raps- oder Erbsenstroh und darauf Erde gelegt wird. Durch Abdecken mit reinem, trockenem Sand kann Stroh eingespart werden. Die Erde ist mit einer Schaufel oder einem Brett zu glätten, damit das Ablaufen des Regenwassers erleichtert wird. Mit der laufenden Verlängerung der Miete wird der Erntebalken nach vorn gezogen. Besser als diese Firstentlüftung, die bei stärkerer Erdbedeckung leicht zusammensackt, ist die Verwendung eines Stranges von Dränagerohren von etwa 10 cm lichter Weite. Mieten, mit deren Entleerung während der Frostperiode zu rechnen ist, sollen nur so lang gebaut werden, daß sie in wenigen Stunden völlig entleert werden können. Man rechnet auf 1 m Mietenlänge 0,3—0,35 t/m. Die Entlüftungsöffnungen werden nunmehr mit Stroh verstopft, die Enden kann man dabei aus Abfällen von Tonröhren ausführen. Bei trockenem, genügend kaltem Wetter sollen die Strohstopfen geöffnet werden bis der Inhalt +4° hat und mit seiner genügenden Abtrocknung zu rechnen ist. Daraufhin sollen die Öffnungen verstopft werden. Senkrechte Firstlüftung (Dunstschlote) ergibt Kondenswasserbildung und ist deshalb abwegig.

Bei schärferem Frost und Innentemperaturen unter +2° wird die Winterdecke aufgebracht, die aus Stroh, Kartoffelkraut, Spargellaub, Spreu, Laub, Sägespänen, Pferdedung oder dgl. bestehen kann und je nach dem Klima eine Stärke von 10—25 cm besitzen soll. Strohbedarf ca. 15 kg/lfm. Es folgt dann eine vierte Schicht mit 15—20 cm Erde, die ebenfalls zu glätten ist. Auch die Lüftungsöffnungen müssen dabei verdeckt werden. (25 Leute sollen täglich 60 t Kartoffeln einmieten können, einschließlich Ausladen und Antransport.)

Um ein Bedecken und Abdecken der Miete im richtigen Zeitpunkt vornehmen zu können, müssen in Abständen von höchstens einer Woche die Temperaturen gemessen werden. Am besten baut man in 1—2 Mieten waagerecht ein Mietenthermometer fest ein. Das Ende des Thermometers soll sich von der Sohle der Miete in etwa $^2/_3$ der Höhe der Kartoffeln befinden. Bei Überschreitung einer Temperatur von +5° im Frühjahr muß die Winterdecke entfernt werden. Bei höheren Temperaturen als +8 bis 10° ist es zweckmäßig, die Miete zu entleeren, durchzusortieren und den Inhalt in kühlen Kellern einzulagern.

Zur Vermeidung des Eindringens von Mäusen muß in einer für Haustiere nicht zugänglichen Form Giftgetreide ausgelegt werden. Wird ein Einsinken der Deckschicht beobachtet, so kann ein größerer Fäulnisherd angenommen werden. Die Miete ist dann sofort zu öffnen, der Inhalt zu verbrauchen.

Gesamtverluste bis Mitte April etwa 5—7% des Einlagergewichtes, bis Mitte Juni aber — insbesondere als Folge des Keimens — etwa 20%.

Ist im Winter eine Entnahme aus einer Miete erforderlich, so muß die Öffnung an einer windgeschützten Stelle möglichst an der Südseite liegen und so klein wie möglich sein. Bei strengem Frost muß unter Berücksichtigung der Windrichtung in der Nähe der Öffnung ein Holz- oder Strohfeuer entzündet werden. Beim Entnehmen aus der Miete am Kopfende beginnen und nur soweit abdecken, als zur Entnahme erforderlich. Kann man das Öffnen nicht bei mildem Wetter vornehmen, so werden die entstandenen Löcher sofort wieder mit einer starken Strohschicht bedeckt, worauf zuerst Sand und dann Laub oder Stallmist gebreitet wird. Auch die Transportmittel müssen mit Stroh oder mit Holzwolle ausgeschlagen sein und die oberste Lage mit Stroh u. dgl. überschichtet werden.

Bei Auslagerung von Kartoffeln mit einer niedrigeren Temperatur als 5° ist eine 14tägige Nachlagerung bei höheren Temperaturen erforderlich, damit der gebildete Zucker wieder veratmet wird.

Anhang. Kartoffeln eignen sich auch zum Gefrieren. Voraussetzung dafür ist, daß die Verlagerung bei Temperaturen über 5° erfolgt ist, die Kartoffel also nicht schon süß war. Gefriert dann die Kartoffel schnell, so wird sie nicht süß, leidet aber beim Stehen nach dem Auftauen. Sicherer ist daher das Blanchieren der ganzen ungeschälten Knollen in kochendem Wasser vor dem Gefrieren, dann muß das Gefrieren auch nicht allzu schnell erfolgen.

Angefrorene oder süß gewordene Kartoffeln legt man einige Stunden vor dem Kochen in kaltes Essigwasser. Durch Dämpfen und Einsäuerung können erfrorene Kartoffeln der Wirtschaft erhalten bleiben.

Trockengemüse[1]

(einschließlich Trockenkartoffel).

Hauptveränderungen. Verlust an Aromastoffen. Auftreten eines Heugeschmacks. Farbänderung durch Einwirkung von Sonnenlicht und Verlust an Vitamin A; Auftreten von Mißfarben bei höherer Temperatur, auch bei dunkler Lagerung. Befall durch Dörrobstmotte, Heu- oder Kakaomotte, Kornmotte (Pilze), Brotkäfer, Samenmotte, Samenzünsler, Dattelmotte. Besonders stark werden Weißkohl, Wirsingkohl, Karotten und Pilze von der Dörrobst- und der Kakaomotte befallen. Aufnahme von Feuchtigkeit und dadurch Geruchsverschlechterung und Befall durch Schimmelpilze. Getrocknete Zwiebeln werden besonders leicht feucht und dumpfig. Einbuße an Quellungsvermögen. Verlust an Vitamin C. Der Wassergehalt bei der Verpackung soll höchstens 12—13%, bei Trockenkartoffeln 14% betragen. Gefährdung des Geschmacks benachbarter Lebensmittel durch Zwiebeln, Sauerkraut und getrocknete Küchenkräuter.

Einfluß der Herstellung. Sowohl die Schmackhaftigkeit wie auch die Haltbarkeit hängen stark ab von der Qualität des verarbeiteten Erzeugnisses, insbesondere von dessen Frischezustand, der Geschwindigkeit der Verarbeitung, von der einwandfreien Durchführung des Blanchierprozesses, vom verwendeten Trocknungsverfahren, insbesondere davon, daß im zweiten Abschnitt der Trocknung keinesfalls höhere Lufttemperaturen als 60° angewandt werden, und vom Endwassergehalt. Feuchte Stellen dürfen nicht mitverpackt werden. Häufig kann in den Fabriken die Rohware nicht rasch genug verarbeitet werden. Vor allem muß der Fabrikationsbetrieb frei von tierischen Schädlingen gehalten werden.

Verpackung. Günstige Verpackungen sind dicht schließende Blechkanister, Gläser mit eingeschliffenem Deckel oder aber viereckige Preßpackungen. Verpackung derselben mit Aluminiumfolie 0,01 mm einseitig mit 22 g/qm weichem Pergamentpapier kaschiert, beiderseits mit Hermeta-Überzug versehen. Als zweite Hülle wird siegelfähiges wetterfestes Zellglas verwendet. Die äußerste Umhüllung bildet weiches

[1] Heiss, R., u. J. Wolf, Über die Qualitätsverbesserung und -erhaltung von Trockengemüse. Vorratspflege u. Lebensmittelforsch. **4**, 141 (1941). — Schieferdecker, H., Das Trocknen von Obst und Gemüse. Verlag Serger & Hempel, Braunschweig 1942.

Pergamentpapier. Außerdem kommt in Frage: Aluminiumfolie einseitig mit Pergamin, andere Seite mit Zellulosepapier kaschiert, sowie siegelfähiges wetterfestes Zellglas mit Pergament-Außenumhüllung. Es genügt, die Würfel in festen Kartons zu verpacken.

Bei stark riechenden Substanzen wie Zwiebeln, Sauerkraut, Sellerie, Lauch, Petersilie und dgl. empfiehlt sich die Anwendung einer doppelten Zellglasumhüllung, wobei die Siegelnähte auf gegenüberliegenden Seiten senkrecht zueinander stehen. Lagerung lose in Papiersäcken ist ungünstiger, auch in bezug auf die Festigkeit, aber für Trockenkartoffel die einzige Möglichkeit. Der Papiersack soll möglichst mit einer wasserdampfdichten Zwischenschicht und einem dichten Verschluß (Flachfalzverschluß an Stelle von Rosenverschluß) versehen sein.

Günstigste Lagerbedingungen und Vorratspflege. Lagerung bei Umgebungstemperatur soll wegen der dabei auftretenden Einbuße an Quellungsvermögen und an Vitamin C nur angewandt werden, wenn es sich um kurze Haltbarkeitszeiten handelt. Für längere Haltbarkeitszeiten verwendet man am besten Preßpackungen. Am günstigsten ist eine Gefrierlagerung bei Temperaturen unter —10°, weil hierbei das Quellungsvermögen und der Vitamin C-Gehalt, Farbe und Geschmack auch bei sehr langer Lagerung nur wenig beeinflußt werden. Gefrierlagerung ist unter allen Umständen bei den Kohlarten empfehlenswert. Bei den übrigen Trockengemüsearten reicht auch 0° und eine relative Feuchtigkeit von 75%, wenn die Lagerung 1 Jahr nicht überschreitet. Dunkle Lagerung ist stets anzustreben. Die Kisten müssen möglichst dicht gestapelt werden; bei Vorhandensein eines Steinbodens muß die unterste Lage auf einem Rost oder auf Stapellatten stehen.

Bei Lagerung bei Umgebungstemperatur müssen die Preßpackungen im Frühsommer und im Spätherbst durchgesehen werden. Dabei sind die einzelnen Pakete mittels einer Bürste über einem mit Wasser gefüllten Eimer zu reinigen und auf Ungezieferbefall zu prüfen. Befallene Pakkungen sind auszuscheiden. Auch Säcke müssen regelmäßig auf Ungezieferbefall, auf Fraß von Nagetieren und auf Schimmelpilze hin durchgesehen werden. Dies gilt auch für Trockenspeisekartoffeln.

Haltbarkeit. Bei Umgebungstemperatur möglichst nicht länger als 6 Monate lagern. Bei 0° Bohnen 1 Jahr, Karotten 2 Jahre. Im Gefrierlagerraum 2—4 Jahre.

Stapelfähigkeit. Preßpackung: 2,0 m hoch gestapelt 1,5 t/qm. Lose in Säcken: Bohnen (25 kg-Säcke) liegend, 10 Lagen 2,6 m hoch, 0,50 t/qm, Wirsing (15 kg-Säcke) liegend, 10 Lagen 2,2 m hoch, 0,30 t/qm.

Anhang. Gemüse- und Obstpulver sind sehr hygroskopisch und müssen in absolut wasserdampfdichten sowie auch in lichtdichten Gefäßen gelagert werden, wenn die relative Feuchtigkeit 50% übersteigt (Eco-Packung). Bei Tomatenpulver soll 3% Wassergehalt nicht überschritten werden.

Salzgurken (Essiggurken).

Hauptveränderungen. Die Veränderungen werden in erster Linie durch den Zutritt von Sauerstoff ausgelöst; die ohne Bedarf an Sauerstoff stattfindende Milchsäuregärung wird dann durch Hefen und

Schimmelpilze und deren Stoffwechselprodukte überlagert, wodurch die Salzgurken bis zur Ungenießbarkeit verdorben und weich werden. Deshalb muß dauernd darauf geachtet werden, daß die Gurken *immer* mit Lake überdeckt sind und daß zur Vermeidung sog. Fehlgärungen die Entwicklung der Milchsäurebakterien möglichst rasch vor sich geht. Gurken dürfen bei der Lagerung nicht gefrieren, weil sie hierdurch weich werden und einen Beigeschmack erhalten. Befall durch Essigfliege.

Verpackung. Gute, neue oder sauber gereinigte Fässer, keinesfalls gebrauchte Heringstonnen. Als Kleinpackung: Steinkrüge, verzinnte Blecheimer, Gläser. Die Fässer oder sonstigen Behälter müssen sorgfältig auf Dichtheit geprüft werden. Zur Vermeidung von Beschädigungen dürfen sie nicht gestürzt werden.

Lagerpflege. Salzgurken müssen stets unter dem Flüssigkeitsspiegel gehalten werden. Am besten werden die Fässer aufrecht mit dem Deckel nach oben aufgestellt, im oberen Deckel wird ein Zapfloch eingebohrt, das mit einem Stopfen zu verschließen ist und zur dauernden Kontrolle des Flüssigkeitsspiegels dient. Etwa 14tägig muß 5prozentige Salzlake (50 g Salz auf 1 l Wasser) nachgefüllt werden. Eine übersichtliche Aufstellung der Fässer, am besten in Doppelreihen mit einem 1 m breiten Zwischengang, ist zweckmäßig, um rechtzeitig rinnende Fässer erkennen zu können. Beim Öffnen muß der Deckel nach dem Lockern der beiden oberen Reifen vorsichtig herausgenommen werden und beim Faß verbleiben. Geöffnete Tonnen müssen mit einem sauberen Tuch oder mit Echtpergament bedeckt und mit einem durch einen Stein beschwerten Brett unter Flüssigkeit gehalten werden. Das Brett muß von Zeit zu Zeit abgebrüht werden. Ähnliche Gesichtspunkte gelten für die Lagerung von Pfeffergurken und von Mixed Pickles.

Lagertemperatur. So niedrig wie möglich, jedoch nicht unter $\pm 0°$. Die relative Feuchtigkeit kann bei Faßlagerung zur Verringerung von Verdunstungsverlusten hoch liegen.

Haltbarkeit. Mindestens 2 Monate, im Mittel bei guter Herstellung und kalter Lagerung 6—8 Monate, höchstens 1 Jahr. Geöffnete Tonnen müssen nach 3—4 Wochen entleert sein. Gurken in vernierten Weißblechdosen bei kühler Lagerung bis zu 2 Jahren, allerdings unter Voraussetzung einer mit größter Sauberkeit erfolgten Herstellung.

Stapelfähigkeit. In Tonnen senkrecht 300 kg/qm, waagerecht 225 kg/qm; mehrere Reihen können nicht übereinander gelagert werden.

Anmerkung. Ein wesentlicher Unterschied in der Lagerung von Salz- und von Essiggurken besteht nicht; im ersten Fall handelt es sich um eine Lagerung im milchsauren, im zweiten Fall im essigsauren Milieu. Da Essigsäure leicht flüchtig ist, ist hier eine regelmäßige Nachprüfung des Säuregehalts wichtig. Mischungsverhältnis beim Nachfüllen 6 l Essig (5% Säure) auf 10 l Wasser.

Sauerkraut.

Hauptveränderungen. Durch Lake nicht überdecktes und der Lufteinwirkung ausgesetztes Kraut unterliegt rasch dem Verderb durch Mikroorganismen. Etwa 6 Wochen nach der Herstellung hat Sauerkraut seinen besten Genuß- und Geschmackswert. Die weitere Lagerung führt zu einer wenn auch zunächst langsamen Einbuße an Genuß- und Geschmackswert wie auch an Vitamin C. Bei unsauberer Herstellung, insbesondere bei zu geringer Milchsäurebildung, Zersetzung durch Buttersäurebakterien. Verfärbung durch Luftzutritt (Mangel an Lake) und durch Berührung mit Eisen. Auslaugung und Vitamin C-Verlust bei Verwendung undichter Fässer. Befall durch Essigfliege.

Vorbehandlung. Dichtheit des Faßmaterials ist für die Haltbarkeit des Sauerkrautes ausschlaggebend. Prüfung durch Wasserprobe, gegebenenfalls Anziehen der Faßreifen. Das Faß muß voll gefüllt werden, die Füllung muß so fest eingestampft werden, daß die Krautlake über dem Kraut steht. Dichter Verschluß des Fasses durch einen Deckel. Zweckmäßig sind Faßdeckel mit Spund zur Prüfung der Flüssigkeitshöhe.

Lagerung und Pflege. Möglichst lange Erhaltung des Genußwertes und Vermeidung fehlerhafter Nachgärungen durch Anwenden tiefer Lagertemperaturen. Keinesfalls höhere Lagertemperaturen als 10°, (untere Grenze 0°); während der Gärung darf die Temperatur höher sein. Durch Gefrieren leidet Sauerkraut nicht, doch werden zu stark gefüllte Fässer zersprengt und leidet die Nachlagerungsfähigkeit. Die zweite Hauptforderung ist die Vermeidung von Luftzutritt.

Bei längerer Lagerung können die Fässer auch gelegt werden. Eine andere Möglichkeit bei dicht verschlossenen Fässern besteht darin, die Fässer abwechselnd mit dem Boden nach oben und unten zu drehen. Wichtiger als die Lage ist aber, daß die Fässer immer spundvoll gehalten werden und stets der Stand der Flüssigkeit unter Kontrolle bleibt. Ist die obere Schicht schleimig, so ist diese abzuheben, bis sich wieder gute Ware zeigt. Auch übelriechende bzw. kahmige Lake ist abzuschöpfen; ihr Auftreten ist ein Zeichen dafür, daß die Luft Zutritt zur Lake hatte, was vermieden werden muß.

Ist Lake abgeflossen, dann ist das Sauerkraut mit einem sauberen Tuch abzudecken und mit einem beschwerten Deckel solange zu belasten, bis sich erneut Lake bildet. Dies gilt vor allem auch während des Entleerens eines Fasses. Ist das Kraut zu trocken, dann kann als Ersatz für die abgelaufene Lake 2prozentige Salzlösung nachgefüllt werden. Besser ist bei Einlagerung einer größeren Zahl von Krautfässern, ein Faß Krautlake zum Nachfüllen zu lagern (von Krautfabriken zu beziehen).

Lagerungsfähigkeit. Bei Frühlingssauerkraut geringer als bei Herbstsauerkraut. Mittlere Haltbarkeit 2—3 Monate. Bei pfleglicher Behandlung und kalter Lagerung 6—9 Monate. Der Schwundverlust kann in heißem, trockenem Klima beträchtlich sein (bis zu 25%). Sauerkraut in goldvernierten Weißblechdosen bei sauberer Herstellung und kühler Lagerung bis zu 3 Jahren. Sauerkraut in Dosen auf Luke, mit dem Deckel nach unten stapeln.

Stapelfähigkeit. 300—400 kg/qm in Fässern. Etwa 1600 kg/qm in Dosen (10 Reihen hoch).

Anhang. Ähnlich wie Salzgurken und wie Sauerkraut ist auch jedes andere eingelegte Gemüse zu behandeln. Salzbohnen benötigen eine 10prozentige Salzlake (1 kg Speisesalz auf 9 l Wasser kalt lösen).

Die Haltbarkeit dieser Gemüse erstreckt sich etwa bis zum Februar, und zwar lassen sich lagern[1]: Bis Dezember: Spargel, Zuckererbse; bis Januar: Blumenkohl, Kohlrabi, Kohlrübe, Mangold, Speiserübe, Spinat, Zuckermais; bis Februar: Grüne Erbsen, Pilze, Puffbohne, Schwarzwurzel, Tomate, Wachsbohne; bis März: Möhre, Pastinake, Sellerie, Porree; bis Juli: Zwiebel.

Tomatenmark mit 38% Trockenmasse, mit 10% Salz und 1‰ Natriumbenzoat ist im mitteleuropäischen Klima $^1/_2$ Jahr haltbar; mit nur 3% Salz ist es in kühlem Klima auch monatelang lagerfähig, mit nur 36% Trockenmasse ohne Salz dagegen nur in Kaltlagerräumen.

Getreide[2].

Hauptveränderungen. Das Getreide atmet, wobei neben Kohlendioxyd Wasser entsteht und eine Temperatursteigerung auftritt. Die Folge davon sind Substanzverluste und in ungünstigen Fällen eine Selbsterwärmung des Getreides, wobei auf der kühleren Oberfläche des Haufens eine Schwitzwasserbildung auftritt, schließlich Dumpf- und Muffigwerden sowie äußerlich sichtbares Wachstum von Schimmelpilzen. Bei sehr feuchtem Getreide infolge bakterieller Umsetzungen, saurer, gäriger Geruch. Die Atmung wird ausschlaggebend vom Wassergehalt und in zweiter Linie von der Lagertemperatur beeinflußt. Trockenes Getreide atmet nur wenig, insbesondere wenn die Lagertemperatur tief liegt. Getreide mit einem Wassergehalt unter 13,5% ist lagerfest, mit einem Wassergehalt unter 16% lagerfähig.

Weiterhin wird Getreide leicht von tierischen Schädlingen: Kornkäfer, Reiskäfer, Getreideplattkäfer, Leistenplattkopfkäfer, Reismehlkäfer, Brotkäfer, Diebkäfer, Dörrobstmotte, Getreidemotte, Heumotte, Kornmotte, Mehlmotte, Samenzünsler, Mehlmilben, Staubläusen, Ratten und Mäusen angegriffen.

Bemerkenswert ist auch das Adsorptionsvermögen für fremde Gerüche, daher ist mit geruchabgebenden Substanzen Vorsicht geboten.

Lagerraum. Der Lagerraum muß luftig, sauber und kühl sein. Er darf keine Risse und Fugen, kein feuchtes Mauerwerk aufweisen; außerdem sind gegenüberliegende Lüftungsfenster erforderlich.

Für Getreide, welches noch feucht ist sowie allgemein für kleinere und mittlere Mengen kommt die *Bodenlagerung* in Betracht. Eine höhere Schichtung und eine Einschränkung des Umschaufelns ist dabei durch Verwendung von Lüftungsröhren (nach Rank, Gronert, Hering) möglich, außerdem durch Verwendung von Siebböden. Zur besseren Raumausnutzung sind in den Verpflegungsdienststellen der Wehrmacht die

---

[1] Reinhold, J., u. H. Mittelstaedt, Die biologische Gemüsekonservierung. Verlag R. Bechthold & Co., Wiesbaden 1941.

[2] Bearbeitet unter Verwendung des ausführlichen RKTL.-H. 58 von K. Seidel: „Getreidelagerung“, 1939.

Bodenspeicher mit Boxen ausgerüstet, die als Durchgang einen Abstand von 80 cm haben. Für größere Getreidemassen kommen in der landwirtschaftlichen Praxis zur Einschränkung von Arbeitskräften Rieselspeicher (wenig Sorten mit geringem Umschlag) sowie Kastenlagerung und Trichterböden (größere Zahl kleinerer Posten) in Betracht.

Für die Lagerung großer Massen von genügend trockenem Getreide verwendet man Silos. Hiermit ist eine Raumersparnis bei der Dauerlagerung und eine leichte Entleerung bei häufigem Umschlag möglich. Sie vermeiden weitgehend die Schwierigkeiten bei der Bodenlagerung in der Übergangszeit vom Winter zum Sommer. Man unterscheidet offene Silos, wobei die Lagerung unter Zutritt atmosphärischer Luft erfolgt (Jalousie-Silos, Luft-Silos) sowie geschlossene Silos, für bereits lagerfestes Getreide bis zu 13,5% Wassergehalt bei langer Lagerung.

Vorratspflege. Der Trockenheitsgrad des Getreides ist von grundlegender Bedeutung. Da das Getreide meist nicht mit ausreichendem Trockenheitsgrad eingelagert wird, muß es vor allem anfangs häufig, z. B. durch Umschaufeln, durchgearbeitet werden, womit eine Belüftung und eine Vermischung der trockenen Randschichten mit den feuchten Innenschichten und damit eine Senkung des Wassergehaltes bezweckt wird. Bei Durchführung von Getreidebewegungen muß eine Verstaubung der übrigen Partien vermieden werden. Getreide mit mehr als 16 bis 17% Wassergehalt *muß* künstlich getrocknet werden. Insbesondere gilt dies für feuchtes Getreide mit einer Anfangstemperatur über 20° (Abb. 3).

Soll das Getreide lagerfest bleiben, so darf die relative Feuchtigkeit im Innern 65% nicht überschreiten; einem Wassergehalt von 15,5% entspricht eine relative Feuchtigkeit von 75%. Die Überwachung darf daher keine gefühlsmäßige sein, sondern muß täglich zweimal durch Einstechthermometer an jeweils verschiedenen Stellen im Innern des Getreides und durch Messung der Temperatur und relativen Feuchtigkeit der Außenluft unterstützt werden. Für das Belüften gilt folgender Grundsatz: Ist die Luft von der Temperatur des Getreidekorns unter Zugrundelegung einer relativen Feuchtigkeit von 75% niedriger als der Taupunkt der Raum- bzw. Außenluft, so darf nicht belüftet werden, wenn ein Feuchterwerden des Getreides vermieden werden soll. Die Beantwortung der Frage, ob belüftet werden darf oder nicht, wird durch Anwendung der Belüftungstabelle von Kurt Seidel (Sonderdruck Allgem. Dtsch. Mühlenzeitung, Charlottenburg 4) oder durch Anwendung von Abb. 4 besonders einfach gemacht.

Als Hauptregel gilt, daß im Herbst, also während des Abkühlens, im allgemeinen (ausgenommen bei Nebel und Regen) eine Belüftung immer zulässig ist, da kältere Luft nicht nur eine Abkühlung, sondern auch eine Trocknung des wärmeren Getreides hervorruft. Sobald das Getreide trocken und durchgekühlt ist, ist es, insbesondere im Frühjahr, von der wärmeren Außenluft abzuschließen, vor allem, wenn deren Feuchtigkeitsgehalt hoch ist. Feuchtes Getreide muß möglichst niedrig und luftig gelagert werden. Die Schütthöhe bei Bodenlagerung richtet sich nach dem Wassergehalt und der Jahreszeit, sie schwankt zwischen

1—1,5 m bei Getreide unter 15% Wassergehalt in der Zeit vom September bis April und zwischen 0,2—0,3 m bei Getreide von mehr als 17% Wassergehalt in der Zeit vom Mai bis August.

Durch Anwendung der Bodenlüftung und bei Trichterböden ist eine wesentlich bessere Raumausnützung möglich (üblicherweise 50—60%). In Silos, in welchen das Getreide 10—15 m hoch lagert, ist die Raumausnützung nahezu 100prozentig. Bei Eisensilos besteht die Gefahr, daß sich auch bei Füllung mit lagerfestem Getreide innen an der Silowand Tau niederschlägt.

Es muß stets versucht werden, das Getreide kalt zu bekommen und kalt zu erhalten; die Größe der Temperatursenkung ist allerdings dadurch beschränkt, daß es möglich sein muß, das Getreide im Frühjahr und Sommer so anzuwärmen, daß die Temperaturdifferenz zwischen Luft und Getreide nicht zu hoch wird. Gefrieren von Getreide soll vermieden werden; in frostgeschädigtem Getreide ist die diastatische Kraft erhöht, die Menge und Qualität des Klebers erniedrigt. Ist es notwendig, Getreide in Säcken zu lagern, dann muß die Lagerung auf Holzrosten erfolgen und eine Berührung der Stapel mit feuchten Außenwänden vermieden werden. Die Säcke sollen zur Erreichung eines guten Luftdurchzuges kreuzweise übereinandergelegt werden, und zwar nicht mehr als 4 Sack übereinander. Bei ausreichender Tragfähigkeit des Bodens kann man auch folgendes Stapelschema anwenden: 2 Säcke senkrecht, darauf ein Sack waagerecht, darauf wieder 2 Säcke senkrecht, und schließlich der 6. Sack waagerecht. Je nach dem Feuchtigkeitsgehalt ist alle 1—4 Wochen eine Umstapelung erforderlich. Die Säcke müssen, um ein gutes Durchmischen zu erreichen, lang gebunden sein.

Zur Lagerpflege gehört ferner die Reinigung des Getreides bei der Anlieferung mittels Windfege oder dgl. sowie auch eine ständige Beobachtung des Getreides, damit Kornkäferbefall rechtzeitig erkannt wird und eine peinliche Sauberhaltung des Speichers, der Fördereinrichtungen und des Sackmaterials sowie eine Prüfung des Geruches des Getreides. Für die täglichen Kontrollgänge sind Probestecher, Musterschalen und Käfersiebe erforderlich.

Ergänzung: Gerstengraupen.

Graupen werden leicht durch Kornkäfer, Mehlmotten, Brotkäfer, Diebkäfer, Reiskäfer, Reismehlkäfer, Vierhornkäfer, Getreideschmalkäfer, Mehlmilben, Silberfischchen und durch Staubläuse befallen. Wassergehalt höchstens 16%, üblicherweise 13—14%. Haltbarkeitszeit mindestens $^1/_2$ Jahr, meist 1 Jahr. Lagerung wie bei gesacktem Getreide. Graupen, Grieß, Grütze und dgl. werden für Seetransporte in gewebten Doppelsäcken oder in Kisten verpackt, die mit wasserdichtem Papier ausgelegt sind.

Ergänzung: Hafernährmittel
(Haferflocken, Hafergrütze).

Hauptveränderungen sind insbesondere bei warmer Lagerung und bei Lichteinfluß Ranzig- und Bitterwerden des im Hafer in Mengen von 6—7% enthaltenen Fettes bei längeren Lagerzeiten. Der Wassergehalt der Haferflocken soll 11—12% nicht überschreiten; bei einem Wassergehalt von 14% ist die Gefahr des Muffigwerdens und von Schimmelpilzwachstum schon recht groß. Befall durch Brotkäfer, Diebkäfer, Mehlkäfer, Reismehlkäfer, Vierhornkäfer, Mehlmotte, Mehlmilbe, Staubläuse. Starke Empfindlichkeit für fremde Gerüche. Verpackung im Jutesack oder Papiergewebesack innen mit Papiersack; kleinere Mengen auch in Kartons. Die lagertechnisch günstigste Verpackung wäre bei einem genügend trockenen Erzeugnis dicht schließende Behälter. Lagertemperatur nicht über 20°. Hohe Stapelung wegen Schwierigkeit der Überprüfung des Schädlingsbefalls nicht erwünscht, etwa 6 Sack übereinander; gelegentliche Umstapelung ist zweckmäßig. Hafernährmittel lassen sich nicht sieben. Haltbarkeit 12 Monate.

Ergänzung: Reis.

Gelagerter Reis quillt besser als frischer Reis. Qualitätsverschlechterung bei Reis durch Muffigwerden und schließlich Entwicklung von Schimmelpilzen bei Wasserdampfaufnahme infolge feuchter Lagerung, Verlust an Keimfähigkeit. Auf der Seereise feucht gewordener Reis ist für Lagerzwecke ungeeignet. Insbesondere unglasierter Reis wird leicht von tierischen Schädlingen befallen, und zwar vom Brotkäfer, Diebkäfer, Getreideschmalkäfer, Reismehlkäfer, Vierhornkäfer, Dörrobstmotte, Heumotte, Mehlmotte. Besonders geeignet für die Lagerung sind sog. harte Reissorten (Rangoon, Siam, Sughandi), die sich allerdings nicht für Reisbrei und dgl. eignen. Verpackung in Säcken zu 110 kg; bei einer Stapelhöhe von z. B. 1,1 m (2 Säcke hoch — 2 Säcke quergestellt), ergeben sich 1,1 t/qm. Es ist aber bei höherer Belastbarkeit der Decke eine Stapelung bis zu 40 Säcken möglich. Die bei längerer Lagerung auftretende Verstaubung wird durch Aussieben beseitigt. Der Lagerraum für Reis muß nicht nur trocken, sondern auch luftig sein. Um eine Schimmelpilzbildung und Verklumpung in den unteren Lagern zu vermeiden, muß auf Holzfußböden oder auf Rosten gelagert werden.

Haltbarkeitszeit 2 Jahre, wenn folgende Bedingungen herrschen: bei 14% Wassergehalt und 20° oder bei 16% Wassergehalt und 10° oder bei 18,6% Wassergehalt und 5°. Üblicher Wassergehalt bei der Lagerung 14—15%, ungefähre Höchstgrenze bei Umgebungstemperatur 17—18%. Bei den in Deutschland herrschenden atmosphärischen Bedingungen kann man bei harten glasierten Typen mit einer Haltbarkeit von 1—2 Jahre, bei anderen Sorten von $^1/_2$—1 Jahr rechnen.

Ergänzung: Hülsenfrüchte
(Erbsen, Bohnen, Linsen).

Hauptveränderungen. Verschlechterung des Quellungsvermögens (Kochfähigkeit) und der Farbe. Außerdem neigen Hülsenfrüchte zu Stockfleckigkeit, zum Muffigwerden und zum Verschimmeln. Linsen werden unter dem Einfluß des Lichtes dunkler, Bohnen grau bis grauschwarz, Erbsen fahlgrau. Hülsenfrüchte sollen deshalb möglichst dunkel gelagert werden. Befall durch Kleistermotte, Reiskäfer, Brotkäfer, Diebkäfer, Bohnenkäfer, Linsenkäfer, Samenzünsler, Vierhornkäfer.

Haltbarkeit und Lagerpflege. Die Quellfähigkeit von Erbsen nimmt binnen eines Jahres, die von Bohnen und Linsen nach 2 Jahren merklich ab. Geschälte Erbsen halten, wenn sie poliert sind, im Sommer nur 2—3, im Winter 5—6 Monate. Die Haltbarkeit geschälter unpolierter Erbsen ist die gleiche wie die von Roherbsen.

Die durchschnittlich zweckmäßigste relative Feuchtigkeit für die Lagerung von Hülsenfrüchten beträgt 55—60%, hierbei überschreitet ihr Wassergehalt 12—14% nicht. Lediglich bei Erbsen liegt der zulässige Wassergehalt etwas tiefer, nämlich bei 10%, bei Linsen beträgt er 12 bis 13%, bei Bohnen 14—15%. Hülsenfrüchte mit einem Wassergehalt von 16,5—17,5% sind schon gefährdet.

Bei längerer Vorratshaltung (mehr als 3 Monate) ist eine offene Lagerung von Hülsenfrüchten in gut durchlüfteten Räumen und häufiges Umschaufeln je nach der Wetterlage (vgl. Getreide) empfehlenswert. Schütthöhe etwa 1 m. Bei Schädlingsbefall öfters umschütten, aussieben und bald verbrauchen.

Verpackung und Stapelfähigkeit. Harttrockene Linsen werden in Säcken zu 75—100 kg, Bohnen je nach Herkunft in Säcken zu 46 bis 100 kg verpackt. Gelegentliches Umstapeln oder besser Umsacken bei Sackware. Stapelfähigkeit für Sackware bei 1,4 m Höhe 0,75—1,2 t/qm je nach Stapelart.

Bei Seetransporten (Tropen) ist doppelte Verpackung in Säcken (Leinen- und Jutesack) empfehlenswert oder aber man legt die Hülsenfrüchte mit oder ohne Sack in Kisten, die für die Tropen Blecheinsätze besitzen. Papiersäcke sind zu wenig widerstandsfähig.

Mehl.

Hauptveränderungen. Gefährdung durch tierische Schädlinge, insbesondere durch Mehlmotte, Mehlmilbe, Reismehlkäfer, Leistenplattkopfkäfer, Mehlkäfer, Brotkäfer, Diebkäfer, Vierhornkäfer, Silberfischchen, Staubläuse, Verunreinigung durch Mäuse.

Zunahme an Feuchtigkeit und damit Gefahr des Sauer- und Klumpigwerdens, insbesondere bei dunkleren Mehlen mit steigendem Gehalt an Schalenteilen und Aleuronzellen; Auftreten eines muffigen Geruches und schließlich sichtbarer Befall durch Schimmelpilze. Oxydation des im dunkleren Mehl enthaltenen Fettes und damit Ranzig- und Kratzigwerden (insbesondere bei Nachmehlen und bei Kleie).

Aufnahme fremder Gerüche, insbesondere Teergeruch, ist gefährlich.

Bei langer Lagerung kann sich eine Verschlechterung der Backfähigkeit ergeben, die vom Ausmahlungsgrad, der Sorte und den Lagerungsbedingungen abhängt. „Harte“ Mehle sollen möglichst kurz und kühl aufbewahrt werden. Mehle mit reichem Kleber können trocken lange aufbewahrt werden; durch die Lagerung nimmt hierbei der Kleber an Elastizität und Festigkeit zu, wird also besser, nur darf die Lagerung nicht so lange dauern, daß ein Ranzigwerden des Mehlfettes eintritt.

Einfluß der Vorbehandlung. Kein feuchtes Mehl einlagern, für lange Lagerung Grenzwert 13,5% Wassergehalt. Einschleppung tierischer Schädlinge durch gebrauchte Säcke und aus verseuchten Mühlen. Damit sich das Mehl bei der Bearbeitung lockern kann, soll der Sack nicht prall, sondern lang gebunden sein.

Günstigste Lagerbedingungen[1]. Günstigste relative Feuchtigkeit der Luft des Lagerraumes 55—65%, bei 70—75% beträgt der Wassergehalt des Mehles bereits 15—15,5%. Bei höheren Feuchtigkeitsgraden Gefahr des Befalls durch Schimmelpilze, bei 12% langsame, bei 13% schnelle Entwicklung von Milben möglich. Im Hinblick auf die Verringerung der Entwicklungsgeschwindigkeit tierischer Schädlinge sollte die Lagertemperatur an sich möglichst tief gewählt werden, anderseits ist die zulässige tiefste Lagertemperatur jedoch durch den Unterschied im Wasserdampfgehalt zwischen Außenluft und Mehl beim voraussichtlichen Auslagerungspunkt gegeben. Bei langen Lagerzeiten und langsamer Anwärmung des Lagergutes im Lagerraum mit zunehmender Jahreszeit sind tiefe Mehltemperaturen im Winter zulässig und empfehlenswert, allerdings muß ein Gefrieren des Mehles vermieden werden, da sich hierdurch seine Backfähigkeit verschlechtern kann. Sowohl bei der Belüftung wie auch bei der Auslagerung ist darauf zu achten, daß das Mehl bei der Temperatur der Außenluft höchstens zu 75% mit Wasserdampf gesättigt ist, d. h. daß die Außenluft den gleichen oder einen niedrigeren Taupunkt haben muß als Luft von der Temperatur des Lagergutes mit einer relativen Feuchtigkeit von 75% (vgl. Abb. 4).

Aus den obengenannten Gründen scheiden feuchte Lagerräume (Kellerräume) und Räume mit starken Temperaturschwankungen aus, außerdem dürfen Mehlsäcke nicht auf Steinfußböden gestapelt und an Außenmauern und Pfeilern angelehnt werden. Lagerung auf hohen Bodenrosten ist am besten. Die Holzböden sollen glatt und ohne Risse sein. Eine dunkle Lagerung der Mehle ist empfehlenswert. Alle geruchabgebende sowie feuchte Lagergüter müssen von Mehllagerräumen ferngehalten werden.

Stapelfähigkeit. Höhe der Stapelung richtet sich nach dem Trockengehalt des Mehles und der Jahreszeit. Auch Silolagerung trockener Mehle (10—15 m hoch) ist möglich und hat sogar den Vorteil, daß das Ranzigwerden verzögert wird. Umlagerung alle 2—4 Wochen. Sehr trockenes Mehl (12%) darf 5—6 Säcke hoch gestapelt werden, hier empfiehlt sich auch eine möglichst dichte Stapelung. Meist ist senkrechte Lagerung in 2 Schichten auf Luke oder waagerechte Lagerung (kreuzweise) in 4 Schichten zweckmäßig. In 3 senkrechten Sacklagen in 75 kg Säcken etwa 760 kg/qm, in 7 waagerechten Sacklagen 620 kg/qm. Bei Raummangel empfiehlt sich eine Stapelung wie bei gesacktem Getreide. Mit Ausnahme einer geringeren Festigkeit sind Papiersäcke für Mehllagerung keinesfalls ungeeigneter als Jutesäcke.

Lagerkontrolle. Prüfung des Geruches und Geschmackes des Mehles, Kontrolltätigkeit in bezug auf Vorratsschädlinge, Kontrolle des Säure-

[1] Seidel, K., Getreidelagerung. RKTL.-H. 58 (1939). — Schulerud, A., Mehllagerung. Leipzig: M. Schäfer 1940.

grades, Prüfung des Wassergehaltes, und zwar sowohl am Rand wie auch in der Mitte des Stapels. Hierfür Gänge freilassen. Zu den regelmäßigen Messungen für eine richtige Belüftung gehören Mehltemperatur, Temperatur und relative Feuchtigkeit der Außenluft (im Schatten gemessen).

Mehl muß in gewissen Zeitabständen umgestapelt und dabei mit der Hand durchgeknetet und gerollt werden, im Winter seltener als im Sommer, am häufigsten im Frühjahr. Dabei muß auch eine Umstapelung stattfinden in der Weise, daß unten gelegene Säcke nach oben kommen. Nicht mehr lagerfähiges Mehl muß auf Grund einer Probebackung gegebenenfalls mit gesundem Mehl vermischt werden. Mehl mit Dumpfgeruch läßt sich durch Durchsieben und Lüften manchmal noch retten. Zum schnellen Durcharbeiten der Mehlbestände sind in den Verpflegungsdienststellen der Wehrmacht Mehlsieb- und Mehlmischmaschinen vorhanden.

Von Mehlmotten befallenes Mehl kann nach Abtöten der Schädlinge noch für Futterzwecke verwendet werden. Vermilbtes Mehl ist dagegen auch für tierische Ernährung ungeeignet und kann nur noch industriell (Kleister) verwendet werden. Als Einzelwesen sind Milben kaum erkennbar. Zur Feststellung von Milbenbefall streicht man das Mehl glatt und läßt es an einem warmen Ort stehen; bei Milbenbefall bilden sich dann kleine Häufchen. Auch wenn man Mehl zwischen 2 Glasplatten legt, zeigen sich schnell die Gänge.

Haltbarkeit. Roggenhandelsmehle können nach 4—6 Monaten an Backfähigkeit einbüßen, eine Lagerung bis zu einem Jahr (bei deutschem Kommißmehl) ist bei guten Lagerungsbedingungen zulässig. Auch die weniger empfindlichen Weizenmehle bleiben höchstens 3 Jahre gesund. Bei einem Wassergehalt von 15,5% ist aber Mehl im allgemeinen nur 2—6 Monate haltbar, erst bei 14,5% überschreitet die Haltbarkeit ein Jahr, falls die Temperatur nicht höher als 20° ist. Für Seetransport genügen doppelte Gewebesäcke oder ein Papiersack mit äußerem Gewebesack; nur für Sonderfälle (lange Nachschubwege in den Tropen) Blechkanister zu 50 kg, die mit Holzkisten umgeben sind oder Fässer mit Blecheinsatz und Druckdeckeln.

Für Sonderzwecke, insbesondere für Lagerung bei tropischen Bedingungen, Mehl, das auf mindestens 11% Wassergehalt im Vakuum heruntergetrocknet und in wasserdampfdichte Behälter eingefüllt wurde.

Ergänzung: Sojamehl.

Hauptveränderungen durch die Kakaomotte. Außerdem rasche Entwicklung von Schimmelpilzen, wenn der Wassergehalt 12% überschreitet (normaler Wassergehalt 9%). Auch eine Säuerung sowie Seifigwerden und Bitterwerden von Vollsoja kann dann erfolgen. Feucht gewordene Säcke müssen sofort verbraucht werden, da Nachtrocknen schwierig ist. Obwohl Vollsoja 20% Öl enthält, scheint es bei trockener Lagerung auch bei mehrjähriger Lagerung nicht ranzig zu werden. Wegen seines hohen Ölgehaltes zieht Vollsoja noch stärker Fremdgerüche an als Getreidemehl. Außerdem nimmt der Vitamingehalt von Vollsoja bei der Lagerung ab.

Zweckmäßigerweise wird Vollsoja mit 9% Wassergehalt nicht länger als 1 Jahr aufbewahrt, bei 12% Wassergehalt höchstens 3 Monate. Vollsoja darf nicht wärmer als bei 25° gelagert werden, weil sonst Öl, insbesondere in den unten liegenden Säcken, austritt und weil die Gefährdung durch die Kakaomotte stark ansteigt. Im Hinblick darauf ist Umstapeln ebenso wie bei Mehl zweckmäßig. Aus den genannten Gründen muß eine Lagerung in feuchter Atmosphäre vermieden werden. Wegen des hohen Ölgehaltes ist eine dunkle Lagerung anzustreben. Höchste Stapelfähigkeit zur Vermeidung von Klumpenbildung und von Ölaustritt 2 m, d. h. etwa 1,4 t/qm. Bei Mottenbefall Verwendung eines Feinsiebes von 0,22 mm Maschenweite.

Anmerkung. Im Gegensatz zu Vollsoja ist Maismehl nur kurzzeitig lagerfähig, da es leicht ranzig wird.

Gewürze.

Hauptveränderungen. Durch feuchte Lagerung können Gewürze muffig werden und verschimmeln. Außerdem treten mit dem Vermahlungsgrad zunehmende Verluste an ätherischen Ölen auf, die eine Qualitätsverringerung der Gewürze selbst sowie eine Gefahr für im gleichen Raum lagernde geruchsempfindliche Lebensmittel bilden. Befall durch Brotkäfer, Buckelkäfer, Diebkäfer, Dörrobstmotte, Heumotte, Messingkäfer. Auch die Gewichtsverluste können bei Kümmel, Dill, Majoran, Pfeffer, Bohnenkraut, Thymian beträchtlich sein.

Verpackung. Heute ist es üblich, Pfeffer, Piment, Nelken in Jutesäcke bzw. in Matten, Muskatnüsse, Kardamon usw. in Kisten zu verpacken, gemahlene Gewürze in Holzfässer oder in Holzkisten. Die Jutesäcke sollen mindestens mit dichtem, starkem Papier ausgelegt werden, gelegentlich ist das Papier angeklebt. Dies gilt auch für Fässer. Säcke, die zwischen Jute und Papier eine möglichst dampfdichte Zwischenschicht haben, sind besonders günstig. Natürlich muß auch der Verschluß dicht sein. Kleinere Mengen gemahlener Gewürze werden zweckmäßigerweise in lackierten Schwarzblechdosen mit Papierauskleidung und Eindruckdeckel oder ersatzweise in möglichst wasserdampfdicht imprägnierten Hartpapiergefäßen oder in dampfdicht verschlossenen Beuteln aus Pergamin oder besser aus Igelitfolie aufbewahrt. Nelken, Macis und Muskatnüsse sollen nicht unmittelbar in Metall verpackt werden. Angebrochene Kisten und Fässer mit gemahlenen Gewürzen sollen nicht offenstehen, sondern in Kleinpackungen abgefüllt werden.

Lagerung. Trockene Lagerung bei nicht zu hohen Temperaturen. Lager mit Holzfußboden. Besonders stark zieht Paprika Feuchtigkeit an. Erfolgt die Lagerung nicht in aromadichten Gebinden, so soll für Gewürze möglichst ein eigener, geschlossener Lagerraum verwendet werden.

Haltbarkeit. Die Qualitätseinbuße durch Aromaverluste hängt von der Aromadichtheit der Verpackung ab; sie ist groß insbesondere bei Paprika (merkliche Qualitätseinbuße schon nach 3 Monaten, starke nach 1—2 Jahren), bei Kümmel (nach 2 Jahren), bei Anis, Dill, Koriander, Nelken (nach etwa 3 Jahren). Majoran, Pfeffer- und Bohnenkraut, Thymian und ähnliche Küchenkräuter sollen möglichst nicht länger als 1 Jahr aufbewahrt werden. Alle übrigen Gewürze (Pfeffer, Piment, Zimmt, Kardamon, Ingwer, Muskatnüsse und Muskatblüte) halten sich bei trockener Lagerung etwa 5 Jahre, doch ist ein möglichst dampfdichter Abschluß insbesondere bei gemahlener Ware wichtig.

Stapelfähigkeit. Schwarzer Pfeffer und Piment 1,2—1,3 t/qm. Weißer Pfeffer 1,5 t/qm.

Honig.

Hauptveränderungen. Honig zieht Feuchtigkeit an (mit größerem Lävulosegehalt zunehmend) und neigt zur Hefegärung. Besondere Neigung zum Gären hat der Heidehonig. Nur „reifer" Honig ist lagerfähig, sein Wassergehalt darf 22% nicht überschreiten (ausgenommen Heidehonig bis 25%). Honig ist weiterhin gegen fremde Gerüche empfindlich. Sonnenlicht übt auf manche Arten eine bleichende Wirkung aus. Jeder Honig wird nach einer gewissen Zeit fest, am raschesten Hederich- und Rapshonig, besonders langsam Honigtau- und Akazienhonig. Die Kristallstruktur kann schmalzartig bis grobkörnig, ja sogar blättrig sein je nach der Ernährung der Bienen. Der Gehalt an Glukose und Fruktose ist für die Kristallisation wesentlich. Bei Erwärmung bei zu hohen Temperaturen werden Duftstoffe abgeschwächt bzw. können völlig zerstört werden.

Verpackung. Gefäße aus verzinntem Blech, Emaille, Steingut, Aluminium. Luftdichter Abschluß der Gefäße, z. B. durch Gummiringe oder dgl., gegen Einwirkung von Feuchtigkeit und von Fremdgerüchen ist wichtig. Ungeeignet sind Eisengefäße und verzinkte Gefäße. Auch größere Glasgefäße sind wegen der Gefahr des Zerspringens beim Kandieren ungünstig.

Lagerung. Je tiefer die Lagertemperatur ist, um so langsamer ist die Geschwindigkeit der Zersetzungsvorgänge. Am besten wählt man Lagertemperaturen zwischen 0 und 10°, tiefere Temperaturen als —2° sind nicht geeignet. Temperaturen von 15 bis 18° begünstigen die Entwicklung von Hefen. Gläser müssen dunkel gelagert werden. Kandierter Honig kann durch Erwärmen bei Temperaturen nicht über 40° wieder verflüssigt werden. Man kann das Auskristallisieren vermeiden, wenn man den Honig vorübergehend bei einer Temperatur von 40° hält; bei einer Einwirkungsdauer dieser Temperatur von 9 Tagen kristallisiert er z. B. 1 Jahr nicht. Gärender Honig muß rasch verbraucht werden, sofern die Gärung noch nicht so stark ist, daß er ungenießbar geworden ist.

Haltbarkeit. Heidehonig $^1/_2$, sonstiger Schleuderhonig 1 Jahr, bei kalter und luftdichter Lagerung bis zu 5 Jahren.

Stapelfähigkeit. In Kübeln etwa 0,35 t/qm, höchstens 4—5 Kübel hoch.

Kakaopulver, Kakaoerzeugnisse (Schokolade) und kakaopulverhaltige Mischungen.

Hauptveränderungen. Gefährdung durch Kakaomotte und Mehlmotte. Bei Nußschokolade außerdem Reismehlkäfer, Dörrobstmotte und Mehlmotte. Aufnahme von Fremdgerüchen durch die Kakaobutter; bei feuchter Lagerung von Kakaopulver bzw. von kakaopulverhaltigen Mischungen Klumpenbildung evtl. sogar Schimmelpilzwachstum. Bei feuchter Lagerung (über 80%) bzw. rascher Temperatursteigerung auf Schokolade, sog. Zuckerreif; hierbei erstarrt aus den Tröpfchen an der Oberfläche Zucker in kleinen Kristallen (Schönheitsfehler), in ungünstigen Fällen Wachstum von Schimmelpilzen. Bei zu warmer Lagerung insbesondere bei nachheriger Abkühlung grauer Belag, sog. Fettreif (Schönheitsfehler). Fettreif insbesondere auch bei Pralinen mit Füllungen aus Nougat, Marzipan und dgl.; Nüsse in Nußschokolade werden ranzig, außerdem ist Mandel- und Nußschokolade durch die Kakaomotte besonders gefährdet. Kakaobutter ist lichtempfindlich, kurze Besonnung macht sie talgig schmeckend; Milchschokolade und Pralinen sind gegen Licht und Wärme besonders empfindlich. Verdunstung tritt bei Pralinen mit Alkoholfüllungen stärker in Erscheinung, Gärung bei Füllungen mit Fruchtpasten bei warmer Lagerung. Kakaohaltige Mischungen, die Mehl und Milchpulver enthalten, sind einem rascheren Verderb (Muffigwerden) ausgesetzt als reiner Kakao.

Verpackung. Kakaopulver und kakaopulverhaltige Mischungen abgepfundet in Tüten zu $2^1/_2$—10 kg, die mit Zellulosepapier ausgeschlagen sind oder in Schachteln mit Beuteln aus innenlackiertem Zellulosepapier. Beides für Dauerlagerung wenig geeignet, besser Schwarzblechdosen mit dichtem Deckel und Leukoplastverschluß.

Schokolade in Aluminiumfolie und Pergamin, getrennt gewickelt oder ersatzweise in Zellglas, dann in Wellpappekarton. Weitgehender Schutz gegen tierische Schädlinge durch Metallfolie und zwei Bogen Pergamentpapier, wobei der erste Bogen auf der einen, der zweite Bogen auf der anderen Seite schließt. Bei vereinfachter Verpackung ist bei der Lagerung besondere Vorsicht am Platz. Tropenpackung in Schwarzblechdosen oder in handelsüblichen Packungen in Kisteneinsätze eingelötet. Tropenschokolade außerdem geringer Kakaobuttergehalt.

Lagerung. Keine höheren Temperaturen als +18°, besser +14 bis 16°. Schutz vor Sonnenbestrahlung. Keine schroffen Temperaturschwankungen, da sonst Fett- bzw. Zuckerreif entsteht. Relative Feuchtigkeit 60%, höchstens 70%. Dichte Stapelung vorteilhaft, aber zahlreiche Gänge zur Überprüfung der Einzelstapel. Bei Steinfußboden Lagerung auf Holzrosten.

Vorratspflege. Schutzmaßnahmen gegen tierische Schädlinge, die mit Rohkakao, Mandeln und Nüssen in Schokoladenfabriken eingeschleppt werden, wie häufiges Kalken der Wände, Verschmieren von Ritzen. Bei Kakaopulver bzw. kakaopulverhaltigen Mischungen: Durchsicht der Bestände, Absieben der Gespinnste, Verbrennen stark versponnener Packungen, gründliche Säuberung, Ausspritzen von Boden und Wänden mit geruchlosen, abtötenden Mitteln wie z. B. „Littacid Neu" oder „Wolkusol-A". Bei Schokolade regelmäßige Durchsicht, Säuberung der Tafeln, bei beginnendem Befall sofortiger Verbrauch und Ausspritzen der Räume. Im Einzelhandel Verschluß in Glasschränken mit dicht schließenden Metallrahmen zur Sicherung gegen die Kakaomotte.

Haltbarkeit. Tafelschokolade, die nur aus Kakaomasse, Kakaobutter und Zucker besteht (sog. Speiseschokolade mit 40% Kakaobestandteilen) 1—2 Jahre. Milch-, Sahne-, Nuß-, Mandelschokolade, Pralinen und Kremschokolade, kakaopulverhaltige Mischungen bei sachgemäßer Lagerung $^1/_4$ Jahr. Kakaopulver ohne Zusätze 1 Jahr in Papierverpackung, 2 Jahre und länger luftdicht verschlossen; nach einem Jahr aber beginnende Aromaeinbuße. Schokolade in Blechdosen 3 Jahre.

Stapelfähigkeit. Schokolade 2 m hoch in Kisten (dicht gestapelt) 1,2—1,3 t/qm. Kakaopulver in Tüten 2 m hoch in Kisten (dicht gestapelt) 1,1—1,2 t/qm.

Käse.

Harte und halbharte Labkäse.

(Emmentaler, Alpkäse, Gouda bzw. Edamer, Tilsiter.)

Hauptveränderungen. Bei zu trockener Lagerung starke Schwundverluste, Rissigwerden, Einbuße an Geschmackswert. Bei zu feuchter Lagerung Gefahr des Verschimmelns, Bildung von Faulstellen. Bei zu warmer Lagerung besteht die Gefahr von Blähungen als Folge ungleichmäßiger oder fehlerhafter Gärung (Bact. aerogenes, coli), gelegentlich ergeben sich auch Risse und Spalten im Innern (Glasigwerden). Auch zu tiefe Temperaturen sind schädlich, insbesondere wenn der Reifungsprozeß noch nicht abgeschlossen ist, Neigung zum Seifigwerden. Die Gefahr des Befalls durch die Maden der gemeinen Käsefliege (Piophila casei) besteht in besonders hohem Maße bei Weichkäse sowie bei Käsen mit Rißstellen. Emmentaler und Tilsiterkäse vertragen Aufeinanderlegen nicht, es ergeben sich hierdurch Rindenschäden (Faulstellen). Rindenschäden können außerdem durch unsaubere Stellagenbretter hervorgerufen werden. Risse ergeben sich nicht nur durch zu trockene Lagerung, sondern auch durch unachtsame Behandlung (Werfen, Rollen, Stoßen, zu starke Pressung). Insoweit die Haltbarkeit durch die Reifungsgeschwindigkeit begrenzt wird, ist folgendes noch wichtig: Je magerer eine Käsesorte ist, desto schneller erfolgt ihre Reifung; je fetter ein Käse, desto besser ist seine Haltbarkeit. Gleichzeitig steigt auch die Haltbarkeit mit sinkendem Wassergehalt (Tilsiter 42%, Holländer 38—42%, Emmentaler 32%).

Einfluß der Herstellung. Nur Käse, die keine Herstellungsfehler aufweisen, sind zur Lagerung geeignet. Die meisten Käsefehler (unreiner, sauerer, bitterer, ranziger, seifiger, fauliger, jauchiger Geschmack) haben bakteriologische Ursachen. Der wirtschaftlich schwerwiegendste Käsefehler ist die „Blähung", eine übermäßig starke oder falsche Lochbildung. Holländer Käse kann „weißrandig" werden (Salzfehler), „Stinker" sind Emmentaler-Käse mit Buttersäuregärung. Es ist nicht möglich, die Herstellungsfehler, zu welchem die einzelnen Käsesorten neigen, in diesem Zusammenhang im einzelnen aufzuführen[1]. Ausschlaggebend für die Qualität der Käse ist die sorgfältige Gewinnung und Behandlung der Milch beim Erzeuger, die Reinlichkeit und Gewissenhaftigkeit bei der Verarbeitung der Milch in der Käserei (bakteriologische Betriebskontrolle).

Verpackung. Emmentaler Käse wird in Holzkübeln verpackt. Eine längere, über 14 Tage hinausgehende Lagerung darin ist aber nicht zu empfehlen. Edamer Käse (ebenso Gouda) wird zur Rindenschimmelbekämpfung wiederholt gewaschen, abgeschabt und im trockenen Zustand mit Leinöl oder Paraffin abgerieben. Zum Teil kommt er allerdings auch ohne Paraffin zum Versand. Tilsiter Käse ist in runder und in rechteckiger Form handelsüblich. Die runden Käse gelangen entweder „nackt“ oder in Pergamentpapier eingeschlagen, in Lattenverschlägen in Rollenform zu 10—12 Stück zum Versand; nach je 3—4 Laiben werden Zwischenlagen aus Holzfournier in die Packrolle gelegt. Tilsiter Käse in rechteckiger Form wird in Pergamentpapier eingeschlagen zu 11—12 Stück in Kisten verpackt. Zwischen die einzelnen Käselaibe (zumeist nach 3—4 Laiben) müssen zur Vermeidung des sog. „Brennens“, einer abnormalen Reifung, Zwischenlagen aus Holzfournier gelegt werden. Keinesfalls darf Tilsiter Käse luft- bzw. dampfdicht in wetterfestem Zellglas oder dgl. verpackt werden. Parmesankäse ohne Verpackung.

Günstigste Lagerbedingungen. Entscheidend für die Wahl der Lagerbedingungen ist, ob der Käse bereits gereift ist oder nicht. Gereifter Käse kann wesentlich kälter gelagert und enger gestapelt werden als in der Reife befindlicher Käse. Je fettärmer ein Käse ist, um so kühler ist er aufzubewahren, damit der Reifungsprozeß möglichst gehemmt wird. *Emmentaler Käse* soll bei +8 bis 12° einzeln in Holzregalen gelagert werden, die stets rein zu halten sind. Keinesfalls darf er auf Steinboden gelegt werden. Bei zu feuchter Lagerung kann Emmentaler Käse „hautlos“ werden. Solche Laibe mit zersetzter Rinde verschimmeln schnell. Auch wenn sie zu selten gewendet werden, können sie Schaden leiden (Durchliegen). *Edamer Käse* soll während der Reifung Temperaturen von +12 bis 14° ausgesetzt werden. Die ausgereiften paraffinierten Käse werden bei +4° gelagert. Vollfetter *Tilsiter* kann in der Reife bei ±0°, ausgereift bei —1° gelagert werden, wobei allerdings bei längerer Lagerhaltung mit einem starken Austrocknen der Käse zu rechnen ist. Soll gereifter, in *Pergament verpackter* Tilsiter bei höherer Temperatur, bei 8 bis 10° gelagert werden, so wird man die Lagerungszeit zweckmäßig nicht über 14 Tage ausdehnen. Für längere Lagerung bestimmter Tilsiter Käse muß unbedingt ohne Verpackung lagern, da bei feuchter Lagerung das Einwickelpapier mit der Käserinde verfilzt und Schimmelpilzbildung auftritt. Verpackungen aus Aluminiumfolie bzw. aus wetterfestem Zellglas sind für längere Lagerzeiten ungeeignet.

[1] Henneberg, W., Bakteriologie der Milch, S. 483; Handbuch der Lebensmittelchemie Bd. 2. Berlin 1936, vgl. insbes. S. 413. — Henneberg, W., Die wichtigsten Käsesorten. Milchwirtschaftlicher Verlag. Hildesheim 1929.

Am längsten hält sich Tilsiter Käse, wenn er einzeln auf Bretterstellagen gelegt und laufend behandelt wird. Für nicht allzulange Lagerzeiten (8—10 Tage) kommt aber auch eine Lagerung unverpackt mit Zwischenlagen in Käserollen in Betracht. Die Rollen müssen gelegt (nicht gestellt) werden, da sonst mit zunehmender Reifung die Gefahr des Zerquetschens besteht.

Die relative Feuchtigkeit der Lagerräume soll zwischen 85 und 95% liegen, und zwar bei ausgereiftem Käse höher, bei angereiftem Käse niedriger. Die Luftzirkulation darf nicht übermäßig stark sein, damit der Käse nicht austrocknet und reißt. Eine gute Lüftungsmöglichkeit muß aber gegeben sein. Lagerräume über der Erde sind im Sommer zu warm, im Winter zu kalt und stets zu trocken. Kellerräume sind wesentlich besser geeignet. Eine völlige Beherrschung des Luftzustandes in jeder Jahreszeit ist im allgemeinen nur mittels künstlicher Kühlung möglich. Die hohe relative Feuchtigkeit, die eingehalten werden muß, bringt es mit sich, daß Temperaturschwankungen, wie sie z. B. im Sommer durch Einbringen großer Mengen warmer Ware auftreten, zur Kondensation von Feuchtigkeit auf der Käseoberfläche führen und daher vermieden werden müssen.

In Räumen, in welchen sich Temperaturen über 8° ergeben können, müssen die Fenster durch Fliegengitter geschützt und in ihrer Nähe Leimstreifen aufgehängt werden (Abb. 5). Käselagerräume müssen abgedunkelt sein. Die Wände und die Decke müssen gekalkt, der Fußboden soll mit Klinker- oder Backsteinen ausgelegt sein.

Kellerpflege. Sind lange Lagerzeiten beabsichtigt, so gehört die Pflege des Käses in die Hand des Fachmannes; dieser wird insbesondere auf die pflegliche Behandlung der Rinde sein Augenmerk richten.

Emmentaler Käse wird bei Ankunft mit Salzwasser abgewaschen, dann wird er mittels eines Siebes leicht mit Salz bestreut. Nach Lösen des Salzes (4—6 Stunden) wird der Käse mit einer Bürste abgerieben. Nach der doppelten Zeit wird er entsprechend behandelt, worauf man die nun auf der Oberfläche gut verteilte Flüssigkeit trocknen läßt, was 3—4 Tage beansprucht. Daraufhin wird die andere Seite behandelt, so daß jede Seite einmal wöchentlich bearbeitet wird. Käse, die bereits saftig sind, brauchen nur einmal wöchentlich auf jeder Seite sowie an den Seitenflächen mit 20prozentigem Salzwasser abgerieben zu werden. Laibe, die an der Oberfläche Vertiefungen zeigen und gespaltene Laibe müssen rasch zum Verbrauch.

Tilsiter Käse wird zweimal wöchentlich gewendet und mit 10 bis 15prozentiger Salzlösung eingerieben. Auf der Rinde muß eine leichte Schmiere erhalten bleiben. Ohne Behandlung wird Tilsiter Käse bei langer Lagerung „krebsig“ (weiße, breiige Stellen, die immer tiefer in die Rinde eindringen). Bei unreinen Brettern und bei Verwendung frischer Fichtenholzbretter entsteht Rotfäule.

Gouda und *Edamer* werden mit leichtem Salzwasser abgewaschen, abgetrocknet und wieder auf trockene Stellagenbretter verbracht. Bildung von Schmiere muß vermieden werden.

Bei *Parmesankäse* Bekämpfung des Rindenschimmels durch Trockenhalten, Abschaben und Einreiben mit Leinöl oder Paraffin.

Für die Lagerbretter darf nur trockenes, keinesfalls grünes, saftreiches Holz oder alte, morsche Bretter verwendet werden. Hierbei können die Käse unter der Rinde braun verfärben und einen bitteren Geschmack erhalten (Bankrotwerden). Die Stellagenbretter müssen trocken und sauber gehalten und gegebenenfalls gegen trockene ausgetauscht werden.

Bei angeschnittenen Laiben soll zur Verhinderung des Austrocknens bzw. des Verschimmelns die Schnittfläche mit einem in Salzwasser eingetauchten Pergamentpapier oder mit Aluminiumfolie oder mit wetterfestem Zellglas bedeckt werden. Schnittflächen sind zusammenzulegen. Angeschnittener Hartkäse, der auszutrocknen Gelegenheit hatte, schmeckt herb. Käse mit beschädigter bzw. nicht genügend ausgebildeter Rinde ist rasch zu verbrauchen, da jede Verletzung der Rinde einen Verderb im Käseinnern herbeizuführen vermag.

Lagerungsfähigkeit. Reifezeiten: Emmentaler Käse und Alpkäse 3 Monate, Gouda- und Edamer Käse 4—5 Wochen, Tilsiter Käse 4 bis 6 Wochen, in allen Fällen je nach Fettgehalt (20—45%).

Haltbarkeit. Emmentaler- und Alpkäse kühlgelagert 6—8 Monate, Edamer- und Goudakäse kaltgelagert 5—6 Monate, Tilsiter Käse kaltgelagert in Rollen 4—6 Monate, in Regalen 6—9 Monate. Parmesankäse und Provolone mehrere Jahre. *Lagerschwund.* Emmentaler 1—2%, Tilsiter 2—3%, in heißem, trockenem Klima bis zu 7%.

Versand. Emmentaler, Alp- und Tilsiter Käse sollen möglichst in Verschlägen verladen werden. Rollen mit Tilsiter müssen gelegt werden. Tilsiter Käse kann bei langen Transporten in der heißen Jahreszeit Schaden leiden, so daß die Verwendung von Kühlwagen erforderlich sein kann. Emmentaler Käse kann während des Transportes Risse erhalten, wenn mehr als 4 Laibe übereinander liegen.

Stapelfähigkeit. Emmentaler Käse (2 m hohe Stellagen) 600 bis 800 kg/qm (ohne Gänge). — Tilsiter, Edamer, Gouda in Stellagen 350—550 kg/qm. — Tilsiter in Rollen 750 kg/qm, und zwar in 3 Lagen kreuzweise übereinandergelegt. Holzroste und Zwischenlatten.

Ergänzung: Weiche Labkäse und Sauermilchkäse.

Diese Käsesorten sind keine Dauerwaren. Die Haltbarkeit ist hierbei vom Reifungsprozeß nicht zu trennen, dieser gehört aber vorwiegend zum Herstellungsgang. Verpackung und Versand können erst zu einem bestimmten Zeitpunkt des Herstellungsprozesses erfolgen, nicht zu früh und nicht zu spät, meist bei $^1/_4$ Reife. Wenn Limburger Käse oder dgl. zu früh verpackt wird, ist es leicht möglich, daß die äußere Schicht „reif", der Kern aber noch „unreif" ist.

Wenn man von den zahlreichen möglichen durch die Herstellung bedingten Käsefehlern absieht, ist die Haltbarkeit durch folgende Faktoren bedingt: „Reifung von innen und außen, damit verbunden ein Eiweißabbau, schließlich Überreife. „Ablaufen" der Labweichkäse und Sauermilchkäse im Sommer als Folge zu raschen Reifens, weiterhin Auftreten eines widerlich fauligen Geruchs (insbesondere bei Limburger). Als Folge fehlerhafter Gärung treten „geblähte Käse" auf. Entwicklung von Maden, insbesondere durch Eierablage der gemeinen Käsefliege auf dem Käse.

Zu starker Wasserverlust bedingt Austrocknen der Käse und im weiteren Verlauf Hart- und Runzeligwerden der Ware (insbesondere bei nicht verpackten, offen gelagerten Weichkäsen).

Verpackung. Für Sauermilchkäse hat sich wetterfestes Zellglas bewährt, bei Limburger führt die Verwendung gasundurchlässiger Folien zu Fehlgärungen, bewährt hat sich paraffiniertes Pergamentpapier. Camembert nur in lackierter Aluminiumfolie. Als Außenverpackung Pappschachteln und trockene Holzkisten. Lagerung in Originalverpackung.

Lagerung und Haltbarkeit. Wegen der Nachreifung und der damit verbundenen Wärme- und evtl. Gasbildung ist lockere Stapelung und Einlegen von Lattenrosten zwischen den Kisten mit Weichkäse erforderlich.

Bei $^3/_4$ Reife sollten die Käse ausgegeben oder in das Kühlhaus verbracht werden. Eine Lagertemperatur von 0° bei 90% relativer Feuchtigkeit erlaubt eine Lagerhaltung von $^3/_4$ reifer Ware bei Stangenkäse von etwa 3—4 Monaten, bei Romadur von etwa 6 Wochen, bei Weichkäsen kleinen Formats bis zu 3 Wochen. Bei kürzerer Lagerung reichen 2 bis 4° aus. Bei längerer Lagerung von Schmierkäse (Stangenkäse, Romadur, Steinbuscher, Münsterkäse usw.) ist es angezeigt, die Kisten einmal wöchentlich zu wenden. Bei Kaltlagerung wird eine Entwicklung von Fliegen vermieden. Bei höheren Temperaturen müssen Fliegengitter an Fenstern und Türen der Lagerräume angebracht werden (vgl. Abb. 5). Gegen Temperaturschwankungen sind Limburger sehr empfindlich.

Sauermilchkäse (Harzkäse, Mainzer Handkäse und dgl.) ist keine Dauerware. Bei höheren Temperaturen und Feuchtigkeitsgraden „laufen" sie, bei längerer Kaltlagerung trocknen sie aus und neigen zum Schwarzwerden.

Stapelfähigkeit 0,3—0,6 t/qm. Nach je 2 oder 3 Kisten Weichkäse ein Zwischenraum von etwa 2—3 cm durch Dazwischenlegen von Holzlatten, damit Auskühlen der Ware ermöglicht und Wärmeentwicklung vermieden wird.

Schmelzkäse[1].

Einfluß der Herstellung. Nur aus guter Rohware kann einwandfreier Schmelzkäse hergestellt werden! *Ausschwitzen von Fett* aus dem fertigen Schmelzkäse ist teilweise eine Folge unrichtiger Mischung der zum Schmelzen verwendeten Käsesorten, meist aber Anwendung falscher Emulgiermittel. Ebenfalls auf fabrikatorische Fehler kann das sog. *Nässen* des Schmelzkäses nach längerer oder kürzerer Lagerzeit als Folge mangelnden Wasserbindungsvermögens zurückzuführen sein. Hierbei tritt „Käseserum" aus dem Innern aus, durchnäßt die Packung,

[1] KIEFERLE, F., u. J. UMBRECHT, Die Schmelzkäseindustrie. Kempten 1939.

ergibt auf der Unterlage braune Flecken und verstärkt infolge seiner Klebewirkung die Gefahr der Beschädigung der Folie und damit der Bildung von *Schimmelpilzen.* Im übrigen können Schimmelpilze auch bei normalem Schmelzkäse an den Falzstellen und Überschlägen auftreten, wenn der Verschluß nicht absolut luftdicht ist bzw. wenn die Folie durch Werfen beim Transport und dgl. verletzt wurde. Da Schmelzkäse selbst einen ausgezeichneten Nährboden für Schimmelpilze darstellt, muß darauf geachtet werden, daß die Herstellungsräume nicht durch Schimmelpilze verseucht und das Packmaterial trocken ist. Der unangenehmste Fehler ist das sog. *Treiben des Schmelzkäses,* der vorwiegend auf die Tätigkeit sehr hitzeresistenter anaerober Buttersäurebakterien zurückzuführen ist, welche sich bereits im Rohkäse befinden und beim Schmelzprozeß nicht abgetötet werden können. Getriebener Schmelzkäse ist in der Regel ungenießbar. Haupterkennungsmerkmal ist Blähen bzw. Bombieren, Spaltenbildung, übler Geruch und stark riechende Flüssigkeitsausscheidung, süßlich-fauliger Geschmack. Gelegentlich wird beim Lagern von Block-Schmelzkäse ein *Rissigwerden* und *Aufspalten* in einzelne Schichten beobachtet; diese Erscheinungen sind auf Ungleichmäßigkeiten beim Abfüllen der Schmelzkäsemasse zurückzuführen. *Metallgeschmack* bei Schmelzkäse kann eine Folge bakterieller Einwirkung sein oder einer mangelhaften Verzinnung der Herstellungsapparate.

Hauptveränderungen. Ein großer Teil der angeführten Herstellungsfehler wirkt sich insbesondere bei längerer Lagerung aus. Als eigentliche Lagerveränderungen sind nur das Auftreten eines muffigen Geruchs bei Lagerung in schlecht gelüfteten und feuchten Räumen anzusehen sowie das Auftreten von Schimmelpilzen auf der Packung und Übergreifen auf den Inhalt, wenn die Packung nicht genügend dicht ist, insbesondere aber das Blähen bei zu warmer Lagerung. Durch Gefrieren kann Schmelzkäse bröcklig werden.

Verpackung. Normale Handelsware in Aluminiumfolie in gezogenen Schachteln oder in Aluminiumfolie in Blockform mit einem Schutze aus Tannenholz oder aus Pappe. Die Schachteln werden in Holz- oder in Wellpappekisten zu je 100 Stück gepackt, die Blöcke mittels Draht zu 8—10 Stück gebündelt. Außerdem Lagerung in Aluminiumtuben und in Weißblechdosen. Bei Lagerung in nicht gekühlten Räumen soll bei Weichschmelzkäse im Sommer und im Winter die Lagerhaltung nicht länger als 6—8 Wochen dauern. Die Haltbarkeit für Emmentaler Schmelzkäse beträgt 4—5 Monate. Die Haltbarkeitszeit von halbfettem Schmelzkäse (20% F. i. Tr.) beträgt etwa $^2/_3$ derjenigen von vollfettem Schmelzkäse (45% F. i. Tr.). Bei Lagerung in Dosen ist die Gefahr des Blähens geringer, die Haltbarkeit beträgt hierbei mindestens 1 Jahr evtl. 2 Jahre, sorgfältig kontrollierte Sterilisation vorausgesetzt.

Günstigste Lagerbedingungen. Häufig wird die Auffassung vertreten. daß Schmelzkäse nicht bei tieferen Temperaturen als +5° lagern soll, da sonst die Gefahr des Nässens auftritt. Insbesondere bei schnittfestem Blockkäse besteht bei Gefriertemperaturen die Gefahr des Rissig- bzw. Bröckligwerdens. Wegen der größeren Gefährdung durch

Schimmelpilze infolge des Beschlagens der Verpackung beim Auslagern soll Schmelzkäse nicht in Kaltlagerräumen aufbewahrt werden. Bei höheren Lagertemperaturen als +15° vergrößert sich die Gefahr, daß der Käse stark bläht. +20° soll nicht überschritten werden. Schmelzkäse in Normalverpackung soll demnach bei +5 bis 10° und einer relativen Feuchtigkeit von 70—80% gelagert werden. Unmittelbare Lagerung auf Zementfußböden muß vermieden werden, Stapellatten sind erforderlich.

Stapelfähigkeit. Schmelzkäse im Block oder in Kisten kann dicht, ohne Luftzwischenräume gestapelt werden. In Blockform 2,1 m hoch etwa 1,7 t/qm; bei Stapelung auf Luke etwa 1,45 t/qm. Schmelzkäse in Dosen zu 0,5 kg, 39 Stück je Kiste und 2 m hoch gestapelt etwa 1,45 t/qm. Schmelzkäse in Normalverpackung kann nur 1,4 m hoch gestapelt werden, da sonst die Gefahr des Austritts von Feuchtigkeit sehr groß ist. Stapelgewicht bei 500—62,5 g-Stücke dabei 1,0—0,8 t/qm. Bei der Stapelung ist zu beachten, daß die 500—62,5 g-Packungen, die in Versandkartons geliefert werden, auf die Kartonverschlußklappen zu stellen sind.

Anhang. Schmelzkäse in Pulverform, lose oder gepreßt, in wasserdampfdichter Verpackung (z. B. Ecopackung) 1 bis 2 Jahre lagerfähig.

Milch.

Frischmilch[1] (Dosenmilch).

Hauptveränderungen. Saueres Gerinnen durch Streptococcus lactis als übliche Veränderung. Frische Milch hat einen Säuregrad von 6 bis 7, schon mit einem Säuregrad von 12 gerinnt sie beim Kochen. Weiterhin gibt es süßgerinnende Milch durch die Wirkung labbildender Bakterienarten, verursacht durch Unsauberkeit, gelegentlich auch epidemisch auftretend, schleimige Milch meist durch Unsauberkeit von Leitungsrohren, Kühlern und dgl. Bitter kann Milch bei kühler Lagerung werden, bei Mangel an Milchsäurebakterien, gefördert durch alkalische Beschaffenheit, wie sie als Begleiterscheinung von Euterentzündungen auftritt; auch die Geschmacksfehler: seifig, süßlich, ölig, gärig, faulig, brenzlich und dgl. sind eine Folge abnormaler bakteriologischer bzw. chemischer Beschaffenheit der Milch.

Milch ist stark empfindlich gegen fremde Gerüche (Stallgeruch, Tabakrauch und dgl.), außerdem nimmt sie bei Berührung mit Eisen bzw. Kupfer einen Metallgeschmack und durch Belichtung einen Talggeschmack an. Befall durch Stubenfliege und Essigfliege.

Gefrorene Milch leidet durch Aufrahmen sowie bei längerer Lagerung durch Talgigwerden des Milchfettes, außerdem durch Zusammenballung der Kaseinteilchen.

Einfluß der Erzeugung und Verarbeitung auf die Haltbarkeit. Die bakteriologischen Veränderungen werden ausschlaggebend durch die Sauberkeit des Stalles, des Melkens, des Betriebswassers und der Appa-

[1] Handbuch der Milchwirtschaft, Bd. 1, Teil 1. Die Milch. Berlin: Springer 1930.

rate beeinflußt. Allerdings ist auch steril gemolkene Milch beim Verlassen des Euters keimhaltig. Nach dem Melken erfolgt eine gewisse Zeit keine Änderung des Säuregehaltes, und zwar währt dieses Zeitintervall etwa 6 Stunden bei 37° und 48—52 Stunden bei 10°, dann erfolgt je nach der Lagertemperatur und dem Anfangsgehalt an Milchsäurebakterien entweder eine stärkere Zunahme der eiweißabbauenden Bakterien oder ein lebhaftes Wachstum der Milchsäurebakterien, weiterhin ein Wachstum von Schimmelpilzen und Hefen und schließlich stinkende Fäulnis. Bei einer längeren Lagerung bei 0 bis +5° ist das Wachstum der Milchsäurebakterien gehemmt, so daß eine längere Haltbarkeit als 10 Tage ohne Geschmacksverschlechterung nicht möglich ist. Bei 10—12° setzt bereits ein gutes Wachstum der Milchsäurebakterien ein, welches bei 10° nach 100 Stunden, bei 20° nach 48 Stunden, bei 25° nach 24 Stunden und bei 37° nach 12 Stunden ein Gerinnen der Milch zur Folge hat. Bei 17 bis 20° ist Milch nach 12 Stunden, bei 14 bis 15° nach 24 Stunden noch kochfähig.

Durch Tanklagerung in Sauerstoff bei einem Druck von 10(—12) atü (sog. Hofiusverfahren) kann frische Milch bei 4 bis 5° ohne besondere Veränderungen 4 Wochen haltbar gemacht werden.

Abkochen der Milch tötet alle Mikroorganismen mit Ausnahme der sporenbildenden Bazillen; gekochte Milch kann beim Warmstehen in Zersetzung übergehen und sogar gesundheitsschädlich werden, in jedem Fall wird der Nährwert und die Verdaulichkeit vermindert. Damit die gefährliche Zone zwischen 30 und 40° rasch passiert wird, muß gekochte Milch rasch in Wasser abgekühlt werden. Gekochte Milch erleidet bei der Lagerung ähnliche Veränderungen wie Rohmilch, nur tritt die Säuerung später ein, dafür ist die Gefahr der Entwicklung von Buttersäurebakterien, der Eiweißfäulnis, des Süßgerinnens und dgl. größer.

In *pasteurisierter* Milch sind die nicht hitzebeständigen Mikroorganismen abgetötet, die überlebenden wärmeliebenden Bakterien kommen bei kühler Lagerung nicht zur Entwicklung. Nach dem Pasteurisieren muß die Milch sofort abgekühlt werden. Pasteurisierte Milch ist länger haltbar als Rohmilch. Entrahmte Frischmilch ist, wenn sie gut pasteurisiert und gekühlt wird, ebenso haltbar wie entsprechend behandelte Vollmilch. Sie brennt aber beim Kochen leicht an, wenn sie nicht bis zum Kochen langsam erhitzt und dabei nicht am Boden sorgfältig gerührt wird.

Durch *Sterilisieren* von Flaschenmilch läßt sich eine relative Keimfreiheit erreichen. Die sterilisierte Flaschenmilch, die sich bei einwandfreiem Verschluß $^1/_2$ Jahr hält, muß unbedingt vor zerstreutem oder vor direktem Tageslicht geschützt werden. *Kondensmilch* wird bei jahrelanger Lagerung mehr oder weniger dickflüssig, sie kann sogar fest werden. Die Ursachen stehen noch nicht eindeutig fest. Monatlich einmaliges Durchschütteln ist günstig. Bei warmer Lagerung (in 6 Monaten bei 30 bis 35°) wird Kondensmilch außerdem infolge Karamelisierens des Milchzuckers dunkler. Nach dem Öffnen Haltbarkeit 2 bis 3 Tage.

Gezuckerte eingedickte Magermilch ist in verschlossenen Fässern bei Temperaturen zwischen 5 bis 15° 3—4 Monate haltbar. Die Fässer müssen liegend aufbewahrt und von Zeit zu Zeit gewendet werden. Verderb vorwiegend durch Schimmelpilze und durch Gärung. Geöffnete Fässer müssen binnen 5—6 Tagen verbraucht werden. Der Inhalt ist dabei gegen Fliegen, Staub und dgl. zu schützen. In kleinen Fässern sind die Transportschäden geringer als bei den üblichen 250 kg Fässern.

Das *Einfrieren* von Milch wirkt sich auf die Fettemulsion nachteiliger aus als auf das Milcheiweiß; nach dem Auftauen läßt sich die ursprüngliche Fettverteilung nicht mehr voll erreichen. Bei —8 bis —18° ist die Haltbarkeit von voreingedickter gefrorener Vollmilch etwa 1 Monat. Magermilch kann bei einer Voreindickung von 1:2 bei —15 bis —18° 4—6 Monate lagern, ohne daß irreversible Ausflockungen entstünden. Bei noch längerer Lagerung oder stärkerer Voreindickung lösen sich aber auftretende Flocken beim Kochen nicht mehr.

Milchpulver.

Hauptveränderungen. Am schwierigsten sind die Zersetzungen des Fettes von Vollmilchpulver zu verhindern, und zwar das Ranzigwerden des Fettes besonders bei hoher relativer Feuchtigkeit (bei in Zerstäubungstrocknern hergestellter Milch beschleunigt); weiterhin talgiger Geschmack durch Oxydation des Fettes, mit steigender Temperatur beschleunigt. Durch das Trocknen — insbesondere im Zerstäubungstrockner — wird der Milchzucker, der in der Milch als Hydrat vorkommt, in das stark hygroskopische Anhydrit übergeführt, das bei Berührung mit Feuchtigkeit wieder in das Hydrat übergeht. Im vorgeschrittenen Stadium dieser Rückbildung ändert sich auch der Quellungszustand des Kaseins und damit die Löslichkeit. Bei feuchter Lagerung geht die Löslichkeit mit zunehmendem Alter stark zurück. Milchpulver mit 3% Wassergehalt ändert auch bei langer Lagerung seine Löslichkeit nicht, schon bei 5% Wassergehalt kann nach einem Jahr das Kasein unlöslich geworden sein. Dies ist für den Gebrauch in der Schokoladenindustrie weniger nachteilig als beim Gebrauch im Haushalt. Muffiger Geschmack und Wachstum von Schimmelpilzen, Klumpenbildung bei starker Feuchtigkeitsaufnahme. Der Wassergehalt darf bei der Lagerung 5—6% nicht überschreiten, was einer 40 bis höchstens 50 prozentigen relativen Raumfeuchtigkeit entspricht.

Einfluß des Herstellungsverfahrens. Eine „Metallinfektion“ (Kupfer oder Eisen) beim Herstellungsverfahren hat ein baldiges Auftreten eines talgigen Geschmackes und Geruches zur Folge. Auch die Löslichkeit hängt weitgehend vom Herstellungsverfahren, d. h. von der Höhe der Voreindickung, dem Dampfdruck, dem Trocknersystem, bei Walzen von der Auftrageschicht und der Umfangsgeschwindigkeit ab. Rasche Verarbeitung der frischen Milch ist wichtig, auch Homogenisieren. Gegen Ende der Trocknung wird die Löslichkeit des Milchpulvers stark abfallend, wenn die Temperatur zu hoch ist.

Verpackung. Der Verpackung kommt eine ausschlaggebende Rolle in bezug auf die Lagerungsfähigkeit von Trockenmilchpulver zu, weil die Veränderungen weitestgehend durch den Zutritt von Sauerstoff und Wasserdampf verursacht werden. Üblich ist die Lagerung in mit wasserdampfdichtem Papier ausgeschlagenen Kisten und gelegentlich auch in Blechbüchsen.

Sowohl mit Rücksicht auf den Platzbedarf beim Lagern wie auch um die eingeschlossene Sauerstoffmenge auf ein Mindestmaß zu verringern und die Feuchtigkeitsaufnahme zu verzögern, ist eine Lagerung als Preßkuchen vorteilhaft. Dabei scheinen Preßdrücke von 50 bis 60 atm am günstigsten zu sein. Aber auch der Preßkuchen muß gegen Sauerstoff und Wasserdampfzutritt durch eine wasserdampfdichte Hülle (Al-Folie, Blechdose evtl. wasserdampfdichtes Zellglas) geschützt werden.

Günstigste Lagerbedingungen. Bei völlig wasserdampfdichtem Abschluß des Pulvers ist die relative Feuchtigkeit des Lagerraumes sekundär Bei jeder anderen Verpackungsform soll sie 50% nicht überschreiten. Die Löslichkeitsbeeinflussung geht mit steigender relativer Feuchtigkeit parallel. Die Lagertemperatur scheint auf die Qualitätsverminderung nicht so entscheidend zu sein wie die relative Feuchtigkeit, doch ist zu bedenken, daß bei gegebener Raumfeuchtigkeit das Wasserdampfdruckgefälle bei höheren Temperaturen größer ist als bei niedrigen Temperaturen. Bei Magermilchpulver kann sich eine geringe Aufheizung der Lagerräume empfehlen. Beste Lagertemperatur für Vollmilchpulver 0 bis +2°. Die Lagerräume müssen bei Vollmilchpulver dunkel gehalten werden. Dichte Stapelung ist empfehlenswert. Die Kisten sollen mit wasserdampfdichten Beuteln ausgelegt sein. Es ist Vorsorge zu treffen, daß immer das älteste Gut zuerst verbraucht wird.

Lagerungsfähigkeit. Vollmilchpulver in Kisten bei Umgebungstemperatur 2 höchstens 3 Monate, Preßkuchen bei Umgebungstemperatur etwa 5 Monate; stark von den atmosphärischen Bedingungen abhängig, im Frühjahr kürzer als im Winter.

Vollmilchpulver lose in Blechdosen etwa 6—8 Monate bei Zimmertemperatur, höchstens 3 Monate bei 37°.

Preßkuchen mit Al-Folie oder in Büchsen bis zu 1 Jahr. — Vollmilchpulver lose in evakuierten Dosen mindestens 1 Jahr.

Stapelfähigkeit. Vollmilchpulver in Kisten zu 50 kg 350 kg/cbm, Magermilchpulver in Kisten zu 50 kg 390 kg/cbm, Magermilchpulver in Säcken zu 50 kg 410 kg/cbm.

Obst.

Frischobst

(ausgenommen Kernobst)[1].

Hauptveränderungen. Fäulnis durch Schimmelpilze, ansteigend mit Erhöhung der relativen Feuchtigkeit, der Dichtheit der Verpackung

[1] Heiss, R., Die Aufgaben der Kältetechnik bei der Bewirtschaftung Deutschlands mit Lebensmitteln. RKTL.-H. 77, Bd. D, S. 36. Berlin 1938. — Heiss, R., Versuche über Transportkühlung von Weichobst. Landwirtsch. Jb. **88**, H. 6, Nr 68. — Haas, Obst- u. Gemüse-Verwert.-Ind. **3**, Nr 7 (1939). — Krumbholz, G., Höchste Qualitätsanforderung an die Kühlhausware. Obst- u. Gemüse-Verwert.-Ind. **3**, H. 12 (1939).

und mit steigender Temperatur. Anderseits kann Schwund durch Verdunstung bei niedrigen Feuchtigkeitsgraden, bei starker Luftbewegung und hohen Temperaturen ebenfalls einen erheblichen Qualitätsabfall bedingen. Infolge der natürlichen Lebensvorgänge Veratmung der Kohlehydrate, Abgabe von Kohlendioxyd, Reifung, schließlich Überreife; Atmungsgeschwindigkeit und damit die Selbsterwärmung mit wachsender Temperatur rasch ansteigend. In seltenen Fällen (Steinobst) abnormale Reife bei unrichtigen Reifungstemperaturen möglich.

Verpackung. Für Lagerzwecke am besten in Einheitssteigen, aber auch Spankörbe sind notfalls zulässig. Bei besonders empfindlicher Qualitätsware Polsterung mit Papierwolle und Seidenpapier.

Qualität. Nur Weichobst höchster Qualität, das nicht überdüngt, sorgfältig gepflückt und ohne Beschädigungen *raschestens* nach der Ernte trocken eingeliefert wird, eignet sich für Lagerzwecke. Reifezustand im allgemeinen knapp vor der Vollreife (z. B. Tomaten, Pfirsiche) oder vollreif, aber nicht überreif. Überständige Marktware lohnt nur in seltensten Fällen die Kühlkosten. Bei den empfindlichen weichen Obstarten dürfen die Früchte beim Pflücken nicht berührt und gedrückt, sondern müssen am Stiel vorsichtig abgeschnitten bzw. mit Stiel abgepflückt werden. Bei Pfirsichen, Erdbeeren und dgl. führt jede Druckstelle zu einem Faulfleck. Geplatzte Früchte eignen sich nicht. Mit wenig Ausnahmen sind alle festen Sorten für die Kaltlagerung geeignet.

Lagerbedingungen. Stets Anwendung der tiefstmöglichen Lagertemperaturen, d. h. knapp über dem Gefrierbeginn des Zellsaftes, im allgemeinen Lagerung bei 0° bis —1°. Relative Feuchtigkeit im Lagerraum 90%, schwache Luftbewegung erwünscht.

Nachlagerung. Bei Pfirsichen, die gelbgrün eingelagert werden müssen, besteht nach zu langer Lagerung die Gefahr, daß sie nicht mehr nachreifen. Die Nachreifung muß bei 18 bis 20° vorgenommen werden.

Haltbarkeit bei 0°.

Zwetschgen	4—6	Wochen
Reineclauden	3—4	,,
Pfirsiche	4—6	,,
Aprikosen	3—4	,,
Mirabellen	4—6	,,
Erdbeeren	$1^1/_2$—2	,,
Stachelbeeren	4—6	,,
Johannisbeeren rot	4	,,
Johannisbeeren schwarz	$1^1/_2$	,,
Süßkirschen	3—4	,,
Preißelbeeren	3	Monate
Heidelbeeren	2	Wochen
Himbeeren und Brombeeren	2	,,
Quitten	3—4	Monate
Sauerkirschen	2—3	Wochen
Deutsche Trauben	4—6	,,
Nüsse	1—2	Jahre evtl. länger

Nach einer den angegebenen Zeiten entsprechenden Kaltlagerung ist der biologische Gesundheitszustand des Obstes immer geschwächt, die Nachlagerfähigkeit ist demnach nur beschränkt und es empfiehlt sich nach der Auslagerung ein Verbrauch binnen 1—2 Tagen. Meist wird aber zur Behebung von Absatzschwierigkeiten eine sehr viel kürzere Kaltlagerung ausreichen, dann ist auch die Nachlagerungsfähigkeit länger.

Stapelfähigkeit. Im Durchschnitt etwa 0,4—0,5 t/qm.

Anmerkung. Für den Kühltransport eignen sich nur völlig durchgekühlte Früchte. Die Vorkühlung muß im Kühlhaus oder mittels Sondereinrichtungen im Waggon vorgenommen werden (vgl. S. 18). Ein Versand nicht vorgekühlter Früchte im beeisten Waggon ist *nicht* ausreichend. Auch die empfindlichsten Früchte (Erdbeeren, Himbeeren) können, wenn sie durchgekühlt in einem beeisten Waggon eingeladen werden, 3 Tage ohne Schaden transportiert werden. Das Beschlagen der Ware nach dem Auslagern ist nicht schädlich, sofern die Stapel so luftig aufgebaut werden, daß eine rasche Verdunstung des niedergeschlagenen Wasserdampfes möglich ist.

Kernobst[1].

Hauptveränderungen. Die natürlichen Stoffwechselvorgänge, deren Ausdruck die Atmung der Frucht ist, gehen während der Lagerung weiter, die Frucht reift und altert. Bei *Äpfeln* in stärkerem Maße als bei Birnen Fäulnis durch Schimmelpilze, Gefährdung mit sinkender Temperatur abnehmend. Zu tiefe Lagertemperaturen haben bei vielen Apfelsorten zur Folge, daß sie ihre Aromastoffe ungenügend ausbilden. Viel schwerwiegender ist jedoch die bei zu tiefen Temperaturen bei verschiedenen Sorten auftretende Fleischbräune, eine Krankheit, bei der das Fruchtfleisch teilweise oder ganz braun und weich wird, was man den Früchten nicht immer von außen ansehen kann. *Birnen,* die zu lange bei 0° gelagert werden, verlieren ihre Reifungsfähigkeit und bleiben, wenn man sie später bei höherer Temperatur reifen will, hart und rübig. Bringt man Birnen in einem zu weit fortgeschrittenen Reifezustand in den Kühlraum, so werden sie leicht um das Kernhaus herum braun und weich; sie fühlen sich dann von außen wie ein Gummiball an.

Manche Apfelsorten neigen bei längerer Lagerung zu einer Bräunung der Schale (Rindenbräune), die besonders bei ungenügender Frischluftzufuhr auftritt. Je tiefer die Temperatur ist, um so weniger tritt diese Krankheit auf. Außerdem Schwundverluste durch Verdunstung und Atmung.

Qualität. Für eine langfristige Kaltlagerung ist nur beste Qualität ohne Druck- und Schlagstellen geeignet (Güteklasse A oder I A). Kalt-

[1] Anleitung zum Bau von Obstlagerkellern in bäuerlichen Betrieben. Aus: Zeitgem. Obstbaufragen. Wien 1936. — Tilgner, O. J., Z. ges. Kälte-Ind. **44**, 136 (1937). — Krumbholz, G., Einiges über Kaltlagerung von Birnen. Der Obst- u. Gemüsebau **1939**, Septemberheft, 136. — RKTL.-Merkblatt über die Lagerung von Äpfeln; entsprechendes Merkblatt über Birnen. Herausgegeben von der Hauptvereinigung der Deutschen Gartenbauwirtschaft. (Bearbeitet von R. Heiss u. G. Krumbholz). — Trenkle, R., Obstbaulehrbuch, Bd. II, Ernte, Lagerung und Verwertung des Obstes; vgl. Bechthold. Wiesbaden 1935. — Heiss, R., Aufgaben der Kältetechnik bei der Bewirtschaftung Deutschlands mit Lebensmitteln. RKTL. H. 77, Bd. D (1938).

lagerung stärker mit Schorf befallener Früchte ist sinnlos; eine gute Schädlingsbekämpfung, vor allem Spätspritzung, ist deshalb dringend notwendig. Einseitige Stickstoffdüngung während der Entwicklungszeit, insbesondere Jauchedüngung, verursacht stärkere Anfälligkeit für Fleischbräune. Zur Vermeidung von Verletzungen und Druckstellen müssen gepolsterte Pflückkörbe und gut gefederte gummibereifte Fahrzeuge verwendet werden. Die Lagerkisten müssen abgeschrägte Seitenbretter besitzen. Umpacken ist zu vermeiden. Noch besser sind zur Lagerung Einheitssteigen geeignet. Die Früchte müssen baumreif (leichtes Ablösen vom Fruchtholz), dürfen aber noch nicht genußreif sein. Da eine Zwischenlagerung zwischen Ernte und Kaltlagerung die Gefahr einer Entwicklung von Fruchtfleischbräune stark beschleunigt, sollen die geernteten Früchte so rasch wie möglich ins Kühlhaus gelangen. Bei Äpfeln ist eine Zeitspanne von 1 Woche, bei Herbstbirnen von 1—2 Tagen, bei Winterbirnen etwa die doppelte Zeit zulässig. Bei Äpfeln kann eine 14tägige Vorlagerung eine Verkürzung der Haltbarkeit im Kaltlager um 2 Monate und eine stärkere Anfälligkeit für Fleischbräune zur Folge haben. Da eine einmal eingeleitete Reifung auf keine Weise mehr aufgehalten werden kann, sind länger vorgelagerte Birnen für eine längere Lagerung ungeeignet, auch wenn sie noch grün und hart sind. Die Verdunstungsverluste sind bei rauhschaligen Sorten größer als bei glattschaligen.

Lagerung und Haltbarkeit. Günstigste Lagertemperatur für Birnen —0,5 bis 0°, für Äpfel zwischen 0 und +5° je nach ihrer Anfälligkeit für Kaltlagerkrankheiten. Gewichtsschwund in 6—7 Monaten 2—6% bei Äpfeln. Bei Birnen in 4 Monaten 2—4%.

Äpfel entwickeln bei 2 bis 3° ihr sortentypisches Aroma sowie ihre Farbe besser als bei 0 bis 1°, doch ist bei einer Reihe von Sorten bei 0° die Haltbarkeit länger, z. B. bei: Adersleber Kalvill, *Altländer Pfannkuchenapfel*, Ananasrenette, Baumanns Renette, Berner Rosenapfel, Geflammter Kardinal, Gelber Bellefleur, Gestreifter *Herrenapfel*, *Glockenapfel*, *Goldrenette Frhr. von Berlepsch*, Grüner Stettiner, *Horneburger Pfannkuchenapfel*, *Krummstiel*, Landsberger Renette, Minister von Hammerstein, *Prinzenapfel*, Rote Sternrenette, Schurapfel, Signe Tillisch, Wiltshire, *Zuccalmaglios Renette* (die kursiv gedruckten Sorten sind etwa 8 Monate haltbar, die übrigen durchschnittlich 6 Monate). Alle nicht genannten Sorten sollen vorsichtshalber bei +3 bis +4° gelagert werden. Für eine längere Kaltlagerung ungeeignet sind: Apfel aus Croncels, Coulons Renette, Goldparmäne, Osnabrücker Renette, Ontario Renette. Relative Feuchtigkeit im Lagerraum 88 bis 90% bei mäßiger Luftbewegung. Zwischen den einzelnen Stapeln sollen Zwischenräume von 2—3 cm frei bleiben. Von den Wänden und der Decke ist ebenfalls Abstand zu halten. Unter den Druckkanälen müssen die Stapel durch Papier abgedeckt werden. Die unterste Lage steht auf Stapelhölzern, bei Lagerung in Kisten sind außerdem Zwischenstapellatten erforderlich. Frühsorten und Spätsorten sollen nicht in ein und demselben Lagerraum lagern, da Stoffwechselprodukte der Frühsorten die Haltbarkeit der Spätsorten verringern können.

Bei Birnen spielt die richtige Reifungstemperatur eine sehr große Rolle. Sommerbirnen reifen am besten bei etwa 15 bis 20°. Vor allem die verbreiteten Sorten Williams Christbirne und Clapps Liebling reifen unterhalb von 10 bis 12° überhaupt nicht normal aus; Herbstbirnen, z. B. die Doppelte Philippsbirne, aber auch Boscs Flaschenbirne reifen am besten bei 8 bis 10°. Winterbirnen verlangen z. T. noch etwas niedrigere Temperaturen, sollen jedenfalls nicht über 8 bis 10° gelagert werden. Wenn man nun aber Birnen bei etwa 0° kaltlagert, muß man zwischen Lager- und Reifungstemperatur streng unterscheiden. Da nach zu langer Kaltlagerung die Birnen nicht mehr normal reifen und mehlig bzw. rübig bleiben und kein normales Aroma mehr entwickeln, empfiehlt es sich, Zwischenauslagerungen vorzunehmen. Man muß die Birnen nach Herausnahme aus dem Kaltlagerraum bei bestimmten höheren Temperaturen nachreifen, und zwar wird man dabei im Durchschnitt das Richtige treffen, wenn man die Birnen nach einer mäßig langen Kaltlagerung bei 14 bis 18° und nach langer Kaltlagerung bei 18 bis 20° anreift und dann bei Kellertemperaturen nachreift.

Haltbarkeit 5—7 Monate. Alexander Lukas, Nordhäuser Winterforelle, Präsident Drouard, Gräfin von Paris, Josephine von Mecheln, Pastorenbirne, Liegels Butterbirne.

Haltbarkeit 4—5 Monate. Gellerts Butterbirne, Madame Verté, Gute Luise von Avranches.

Haltbarkeit 3—4 Monate. Boscs Flaschenbirne, Herzogin von Angouleme, Köstliche von Charneu, Mollebuschbirne.

Haltbarkeit 2—$2^1/_2$ Monate. Clairgeaus Butterbirne, Clapps Liebling, Doppelte Philippsbirne, Frühe aus Trevoux, Williams Christbirne (letztere nicht zu lange kaltlagern!).

Stapelfähigkeit. Äpfel in Kisten etwa 300—350 kg/cbm. Birnen in Kisten etwa 350—380 kg/cbm.

Lagerung von Äpfeln in Kellern und Scheunen. Die angegebenen günstigsten Lagerbedingungen lassen sich in Erdkellern und Scheunen nicht dauernd einstellen. Vor allem ist eine gesonderte Regelung von Temperatur und relativer Feuchtigkeit nicht möglich. Bei sinngemäßer Übertragung der für den Bau von Kohlscheunen angegebenen Belüftungsrichtlinien läßt sich aber bei Äpfeln eine gute Haltbarkeit bis weit in das Frühjahr hinein erreichen (vgl. Abb. 9). Besonders einfach ist die Aufrechterhaltung des erwünschten Luftzustandes und die Vermeidung von Frost in Felsenkellern, während gewöhnliche Keller häufig zu warm und zu trocken sind. In Gegenden mit hohem Grundwasserstand muß an Stelle des Kellers eine entsprechend gebaute Obstscheune treten. An Stelle des Lehmestrichs kann bei hohem Grundwasserstand nach dem Vorbild der Altländer Obstscheune auch eine Ziegelschicht treten, die in Sand eingelegt wird. Äpfel dürfen dabei nur 80 cm hoch geschüttet werden. In Lattengestellen mit einem Lagenabstand von 25—35 cm lassen sich 350—500 kg/qm unterbringen.

Gefrierobst und Gefriergemüse[1]

(Apfelmus, Blumenkohl, Bohnen, Erbsen, Gurken, Karotten, Kohlrabi, Paprika, Pilze, Rosenkohl, Rote Rüben, Sellerie, Spargel, Spinat, geschälte Tomaten (San Marzano), Tomatenmark, Aprikosen, Birnen, Brombeeren, Erdbeeren, Heidelbeeren, Himbeeren, Johannisbeeren, Melonen, Mirabellen, Pfirsiche, Preißelbeeren, Rhabarber, Stachelbeeren, Sauerkirschen, dunkle und rote Süßkirschen, Zwetschgen).

Hauptveränderungen während der Lagerung. Geschmacksabflachung und Geschmacksveränderungen durch die Wirkung von Fermenten und von Schwermetallspuren insbesondere beim Lagern bei zu hohen Temperaturen.

Damit gleichlaufend Verluste an Vitamin C. Schwundverluste durch Verdunstung sog. „store burn" (Schönheitsfehler); bei lockerer Verpackung Ausscheidung von Eiskristallen an der Verpackung. Aromaverluste sind in erster Linie für damit zusammenlagernde geruchsempfindliche Gefriergüter (Fleisch, Fette und dgl.) nachteilig; bei guter Verpackung sind sie nicht zu befürchten.

Verpackung. Sie muß weitgehend dampf- und aromadicht, wasserdicht, säurefest sein und eine genügende Geschmeidigkeit und mechanische Festigkeit bei ausreichender Preiswürdigkeit besitzen. Bewährt haben sich: für *Obst* in Zuckerlösung sowie Tomatenmark, Apfelmus Beutel aus wetterfestem Zellglas, Öffnung heiß versiegelt, in Faltkarton oder Stülpschachtel; aussichtsreich erscheint die sog. Ecopackung; gewachste Pappbecher mit Metallklammerverschluß als Kleinpackung. Für *Gemüse* innenseitig und außenseitig gewachste Stülpschachteln, Umhüllung mit wetterfestem Zellglas oder mit dampfdichtem Pergament (Spewa-Pergament); außerdem wasserdampfdichte Beutel. Als Umkartons werden Wellpappekartons verwendet, die am besten mit Metallbändern verschlossen werden. Die Entwicklung von Gefrierpackungen für Obst und Gemüse ist noch völlig im Fluß. Nach Entnahme aus dem Lagerraum muß die Packung vor Sonnenschein und Nässe geschützt werden.

Einfluß der Herstellung. Nur Frischobst und Frischgemüse höchster Qualität ist für die Herstellung von Gefrierwaren geeignet. Die Verarbeitung muß möglichst rasch erfolgen. Vollreife, jedoch nicht Überreife. Die Art des Gefrierverfahrens ist für die Qualität sekundär, doch soll das Gefrieren möglichst nicht länger als 3 bis 5 Stunden dauern, außerdem sollen zur Verzögerung von Oxydationserscheinungen (Farbe, Geschmack) folgende Obstarten grundsätzlich in Zuckerlösungen geeigneter Konzentration gefroren werden und völlig eingetaucht sein: Pfirsich, Aprikose, Erdbeere, Brombeere, Süßkirsche, Mirabelle. Vorteilhaft ist ein Gefrieren in Zuckerlösung für Obst stets; *notwendig*, wenn Gefahr besteht, daß es vor dem Verbrauch auftaut. Gemüse mit Aus-

---

[1] Heiss, R., Untersuchungen über das Gefrieren von Obst und Gemüse. Obst- u. Gemüse-Verwert.-Ind. **27**, 75 (1940). — Heiss, R., Gefrieren von Obst und Gemüse. Z. ges. Kälte-Ind. **47**, 58 (1940). — Gefriertaschenbuch, S. 107. VDI-Verlag 1940. — Paech, K., und E. Loeser, Die Gefrierkonservierung von Gemüse, Obst und Fruchtsäften (1941), Verlag P. Parey.

nahme von Gurken und Tomaten muß vor dem Gefrieren so lange abgebrüht werden, wie zur Zerstörung der wirksamen Fermente eben erforderlich ist. Das gleiche gilt für Apfel- und Birnenschnitten. Eine möglichst weitgehende Vorkühlung vor dem Verpacken (möglichst 0°) ist wichtig. Dies gilt auch für die Zuckerlösung. Das Gefrieren muß im unmittelbaren Anschluß an das Verpacken stattfinden. Alle salatartigen Gemüse sind für das Gefrieren nicht geeignet.

Stapelfähigkeit.

kg/cbm (kg verpacktes Gut bezogen auf die Außenmaße des Umkartons ohne Zwischenräume)[1].

Gefroren in Platten-Gefrierapparaten	Lose gefroren	Gefroren in Kartons im Luftraum	Stapeldichte von Gefrierobst und Gefriergemüse
Blumenkohl	Bohnen	—	320
Himbeeren, Kürbis	Himbeeren, Erdbeeren, Karotten, Blumenkohl	—	390—400
Gurken, Erdbeeren ungezuckert, Stachelbeeren ungezuckert, Bohnen	Spargel, Erbsen, Kirschen, Zwetschgen	Apfelmus in Pergamentbechern	450
Brechspargel, Spargelköpfe, Erbsen, Schnittbohnen, Rosenkohl, Erdbeeren in Zuckerlösung, Kirschen ungezuckert, Zwetschgen mit Stein ungezuckert, Heidelbeeren	Kleine Erbsen, Zwetschgen, Johannisbeeren	Obst in Trockenzucker	480—520
Stangenspargel, Karotten, Steinpilze, Johannisbeeren in Zuckerlösung und ungezuckert, Preiselbeeren ungezuckert	Übriges Obst und Gemüse	—	520—560
Kohlrabi in Scheiben, Spinat, Erdbeermark, Kirschen in Zuckerlösung, Zwetschgen und Pfirsiche halbiert in Zuckerlösung, Himbeer-, Erdbeermark	—	—	560—620
Tomatenpüree, Apfelmus	—	Gemüse	620—660
Tomatenmark, Mirabellen in Zuckerlösung	—	Obst in Zuckerlösung	750

Unter Berücksichtigung von Gängen rechnet man bei Gefrierobst und Gefriergemüse, das in Plattengefrierapparaten gefroren wurde, im Durchschnitt bei $2^1/_2$ m Stapelhöhe einschließlich Gänge mit 800 kg/qm.

Lagerung und Haltbarkeit. Von besonderer Bedeutung ist, daß Gefrierobst und Gefriergemüse nicht bereits beim Transport von der Erzeugungsstätte zum Kühlhaus auf- bzw. antaut. Die Transportfahrzeuge müssen so stark isoliert sein bzw. eine so große Menge Kältemittel (Trockeneis, eutektisches Eis) besitzen, daß sich auch die Randschichten nicht über —12° anwärmen.

Gefrierobst und Gefriergemüse darf auch kurzzeitig nicht bei höheren Temperaturen als —15° gelagert werden. Folgende Arten sollen, wenn

[1] Ohne Gewähr nach den Angaben einiger Gefrierunternehmungen.

möglich, bei Temperaturen von —18 bis 20° lagern: Spinat, Bohnen, Paprika, Tomaten, Erdbeeren, Zwetschgen. Lediglich gefrorenes Apfelmus und Tomatenmark kann auch bei —8 bis 10° 1 Jahr lagern. Unter den angegebenen Bedingungen lassen sich die Erzeugnisse mindestens von Ernte zu Ernte frischhalten. Die Stapelung muß so eng wie möglich erfolgen, lediglich am Boden sind Stapellatten erforderlich. Gegen unberohrte Außenwandungen und unter Luftkanälen ist ein Abdecken der Stapel durch Papier oder dgl. wünschenswert.

Besondere Anweisungen. Gefriergemüse soll zur Erhaltung des vollen Geschmacks- und Nährwertes möglichst im gefrorenen Zustand in kochendes Wasser gegeben werden. Gefrierobst in Zuckerlösung soll nicht länger als 1 Tag bei Zimmertemperatur stehen. Auftauen am besten in der geschlossenen Packung. Gefrierobst ohne Zuckerlösung muß in Zuckerlösung von Zimmertemperatur so aufgetaut werden, daß die Beeren in der Lösung untergetaucht sind (Beschweren mit einer Schale oder dgl.). Die Kochdauer von Gefriergemüse ist durchschnittlich etwa die Hälfte derjenigen von Frischgemüse. Aufgetautes Gefrierobst und Gefriergemüse darf nicht wieder eingefroren werden.

Fruchtsirup.

Hauptveränderungen. Bei Fruchtsirupen (Himbeer, Erdbeer, Kirsch usw.) mit 65% Zucker ist die Gefahr der Gärung gering, wenn die Herstellung sauber erfolgt ist. Eine gewisse Aromaabflachung und eine Verfärbung der natürlichen roten Farbe ins Bräunliche läßt sich insbesondere unter Lichteinfluß bei mehr als einjähriger Lagerung feststellen. Zitronen- und Orangesirupe enthalten nur 60% Zucker und müssen rascher verbraucht werden, da die darin enthaltenen Öle leicht einen terpentinartigen Geschmack annehmen. Mit Eisen dürfen Fruchtsirupe nicht in Berührung kommen.

Einfluß der Herstellung. Beim Einkochen mit Zucker muß mindestens eine Temperatur von 90 bis 92° eingehalten und die beim Kochvorgang sich auf die Oberfläche ansammelnden Schleimstoffe abgeschöpft werden. Das Abfüllen muß in heißem Zustand in die sorgfältig gereinigten und keimfrei gemachten Versandbehälter erfolgen. Auch die Verschlüsse müssen sterilisiert sein.

Verpackung. Am günstigsten Flaschen, diese unterliegen aber beim Transport großen Bruchgefahren, wenn sie größer als 1 l sind. Fässer sind auf die Dauer nicht dicht zu bekommen, da die hochkonzentrierte Zuckerlösung dem Holz Wasser entzieht. Günstiger sind emaillierte Eisenfässer. Auch lackierte Weißblechkanister sind üblich, Veränderungen als Folge von Korrosionserscheinungen sind jedoch hierin nicht ausgeschlossen. Außerdem verbeulen sie leicht.

Lagertemperatur. Diese ist sekundär, Temperaturen über 25° sollen jedoch möglichst vermieden werden. Um das Auskristallisieren von Zucker zu vermeiden, sollen auch zu tiefe Temperaturen vermieden werden. Fässer dürfen nicht trocken gelagert werden. Flaschen müssen vor unmittelbarem Sonnenlicht geschützt und unbedingt stehend gelagert werden.

Haltbarkeit. In Flaschen mehrere Jahre, in Fässern 1 Jahr, in Kanistern etwa $^1/_2$ Jahr. Zitrussäfte sollen möglichst kurz gelagert werden.

Süßmoste (Fruchtsäfte)

(Apfelsaft, Birnensaft, Traubensaft, Johannisbeer-Süßmost rot, Johannisbeer-, Erdbeer-, Stachelbeer-, Sauerkirsch-, Hollunder-, Heidelbeer-, Brombeer-, Rhabarber-Süßmost und dgl.).

Die Lagerung der Süßmoste in Fässern oder in Tanks ist ein Teil des Fabrikationsprozesses, hier findet der Ausbau der Geschmacksstoffe statt, dessen Dauer weitgehend vom Reifegrad, der Trübungsart und dem Trübungsgrad, der Entkeimungsart und der Art der Lagerbehälter abhängig ist. Die Hauptgefährdung erfolgt in dieser Zeit durch alkoholische Gärung, so daß der Alkoholgehalt laufend überwacht werden muß. Bezüglich der zahlreichen mikrobiologischen und chemischen Gefährdungen während des Ausbaues muß auf Spezialliteratur verwiesen werden[1].

Hauptveränderung abgefüllter Süßmoste. Bei einer vorschriftsmäßigen Süßmostherstellung werden die durch das Obst hineingelangenden Keime entweder durch Pasteurisieren abgetötet oder durch Entkeimungsfilter restlos entfernt bzw. durch Gefrierlagerung im Wachstum gehemmt. Gärungen in der Flasche sowie Schimmelpilzbildung in der Flasche sind auf Fabrikationsfehler zurückzuführen. Süßmost unmittelbar nach der Einlagerung auf Flaschen zu füllen, soll möglichst nicht geschehen. Frisch abgefüllte Flaschen sollen nicht in den Handel kommen, sondern erst nach einer etwa 4wöchigen Lagerung und Beobachtung. Apfelsüßmoste kommen „keltertrüb“ bzw. „blank“ in den Handel.

Möglich sind Pektin-, Eiweiß- und Weinsteinausscheidungen. Vorsichtshalber sollen Süßmoste niemals kurz vor dem Abfüllen verschnitten werden. Zur Verhinderung der Weinsteinausscheidung können Traubenmoste vor dem Abfüllen auf Flaschen einige Zeit bei —2 bis —3° gekühlt werden.

Eine Folge falscher Aufbewahrung von Flaschen ist die Bildung von Schimmelpilzen am Flüssigkeitsspiegel. Damit der Korken nicht eintrocknen und für Schimmelpilze durchlässig werden kann, müssen Flaschen stets liegend aufbewahrt werden. Zur Vermeidung des Durchwachsens von Schimmelpilzen dürfen auch nur gleichmäßige, wenig verschorfte, mit lauwarmem Wasser und mit schwefliger Säure vorbehandelte Korken verwendet werden.

Da die Süßmoste ebenso lichtunbeständig sind wie Weine, verwendet man dunkelgrüne oder dunkelbraune Flaschen.

Lagerbedingungen. Die Lagertemperatur soll möglichst zwischen 7 und 15° liegen; die Temperatur sowie deren Konstanz spielt aber bei der Lagerung in Flaschen keine so große Rolle wie bei der vorangehenden Faßlagerung. Natürlich muß der Lagerraum frostfrei sein. Wegen der Korkverschimmelungsgefahr soll er außerdem nicht zu feucht sein.

---

[1] MEHLITZ, A., Süßmost. Braunschweig: Serger und Hempel 1938.

Haltbarkeit nach Ablauf der ersten 4 Wochen praktisch unbegrenzt. Geöffnete Flaschen halten sich nur etwa 3 Tage bei kühler Lagerung, weil Süßmoste einen ausgezeichneten Nährboden für Schimmelpilze und Hefen aller Art bilden.

Stapelfähigkeit. Flaschen am besten ohne Strohhülsen in Kisten bzw. in Harassen, die auch für den Transport geeignet sind. Inhalt zwanzig 0,7 l- oder 16 l-Flaschen. 2,2 m hoch, d. h. 8 Kisten ergibt 1,6 t/qm. Die Flaschen lassen sich aber auch lose zwischen 2 feststehenden Wänden aufstapeln, indem man in einer Reihe immer die Flaschen gegeneinander legt, wobei eine 15—20 Flaschen hohe Stapelung möglich ist.

Anmerkung. Während sich keimarme Moste bei —2 bis —3° 4 Monate lagern lassen, ist die Lagerung schnellgefrorener Moste bei —15 bis —18° mindestens 1 Jahr möglich. Geschmacklich besonders hervorzuheben sind schnellgefrorene Äpfel- und Kirschsäfte. Nicht so gut wie frisch, aber besser als pasteurisiert sind gefrorene Tomaten- und Orangensäfte. Gefährdung während der Lagerung durch Bräunung, bei Orangensaft außerdem bitterer Geschmack. Teilweise Abhilfe durch Luftabscheidung (Zentrifugieren, Evakuieren) und Auswahl des richtigen Reifegrades der Früchte.

Die Verpackung entspricht der von gefrorenen Früchten in Zuckerlösung, die Haltbarkeit nach dem Auftauen der von frischen Fruchtsäften.

Trockenobst

(Äpfel, Birnen, Pflaumen, Aprikosen, Pfirsiche, Kirschen, Beerenobst, Feigen, Datteln, Sultaninen, Rosinen, Korinthen und dgl.).

Hauptveränderungen. Bei zu feuchter Lagerung muffiger Geruch, Gefahr des Befalls durch Schimmelpilze. Häufig anzutreffender Wassergehalt: Äpfel 31%, Zwetschgen 28%, Aprikosen und Pfirsiche 32%, Heidelbeeren 9%, Birnen 29%. Pflaumen verschimmeln besonders leicht, ihr Wassergehalt sollte 25% nicht übersteigen. Auch Aprikosen verschimmeln leicht, Äpfel und Birnen dagegen nicht. Feigen können gärig werden. Bei zu trockener Lagerung Gewichts-, Aroma- und gegebenenfalls Konsistenzverluste, auch Brüchigwerden, allerdings weniger einschneidend. Auch Zuckerausscheidung bei länger lagernden Pflaumen, Korinthen und Feigen ist ohne wesentliche Bedeutung (Schönheitsfehler). Starke Gefährdung durch Dörrobstmotte, Saftkäfer, Getreideschmalkäfer, Reismehlkäfer, Mehlmotte, Heumotte, Milben. Sultaninen zeigen wenig, Korinthen starken Befall, auch Äpfel, Aprikosen und Pflaumen. Bei längerer Lagerung Verfärbung (Bräunung) bei Äpfeln, Pfirsichen, Aprikosen, Birnen, auch bei Rosinen.

Die Widerstandsfähigkeit bei der Lagerung ist von der Herkunft abhängig. Bei Pflaumen besteht in dieser Beziehung z. B. folgende Reihenfolge: Kalifornien, Südafrika, Chile, Balkan.

Lagerung. Eingepreßt in Kisten, ausgelegt mit Pergamentersatzpapier.

Bei Umgebungstemperatur trockene Ware möglichst dicht stapeln, Temperatur möglichst nicht über 12 bis 15°, relative Feuchtigkeit der

Luft etwa 75%. Verwendung eines Bodenrostes oder von Stapellatten; keinesfalls unmittelbar auf dem Steinboden oder zu dicht an Außenwänden lagern. Sowohl Kellerlagerung wie auch Lagerung in Dachgeschossen ist abzulehnen. Besonders für Apfelscheiben ist Lagerung bei Licht nachteilig; bei allen Trockenobstarten ist dunkle Lagerung ratsam.

Bei langer Lagerung und besonders in der Zeit von Ende April bis Ende September gehört Trockenobst grundsätzlich ins Kühlhaus in eine Temperatur von 0° (Vermeidung von Schimmelpilzwachstum und der Entwicklung tierischer Schädlinge). Relative Feuchtigkeit der Raumluft in der angegebenen Verpackung auch hierbei nicht über 75 bis 80%. Falls ein Lagern bei hohen Außentemperaturen notwendig sein sollte, ist dafür zu sorgen, daß der Feuchtigkeitsniederschlag auf und in den Kisten rasch wieder verdunsten kann, also locker und luftig stapeln und gelegentliche Kontrolle, ob Schimmelpilzwachstum zu beobachten ist. Für die Kaltlagerung ist es am zweckmäßigsten, die Kisten mit einem Beutel aus dampfdichtem, wetterfestem Papier auszuschlagen. Vorteilhaft ist eine Lagerung während der warmen Jahreszeit im Kühlhaus und Auslagerung zu einem Zeitpunkt, an dem die Außentemperatur schon wieder gesunken ist evtl. dann frisch verpacken.

Lagerungsfähigkeit und Vorratspflege. Bei kalter und trockener Lagerung mindestens 1 Jahr. In der warmen Jahreszeit bei Umgebungstemperatur nicht länger als $^1/_4$ Jahr; dabei müssen die Bestände im Sommer und Herbst monatlich auf Ungeziefer überprüft werden.

Beim Auftreten von tierischen Schädlingen und beim Wachstum von Schimmelpilzen müssen die Früchte in warmem Wasser abgewaschen werden. Ringäpfel vertragen Waschen nicht. Pflaumen unterwirft man am besten einer Behandlung mit heißem Wasser oder Dampf (sog. Dippen), worauf man das anhaftende Wasser durch Schüttelsieb abschleudert, wenn möglich im Backofen kurze Zeit trocknet, die Früchte warm neu in die Kisten drückt, die gefüllten Kisten im Luftstrom abkühlt und zunächst locker stapelt. Stark von Ungeziefer befallenes bzw. mit Ungezieferkot beschmutztes Trockenobst ist als verdorben anzusehen und muß ausgeschieden werden. Verschimmeltes Trockenobst muß nach dem Waschen rasch verbraucht werden. Die Haltbarkeit von Mischobst ist geringer als die der einzelnen Früchte, weshalb das Mischen zweckmäßigerweise erst vor dem Verbrauch erfolgt. Lagerndes Mischobst muß in der warmen Jahreszeit in 2wöchigen Abständen mittels einer Lupe stichprobenweise auf Milbenbefall durchgesehen werden.

Stapelfähigkeit. Bei einer Stapelhöhe von 2 m in Kisten etwa 1,4 t/qm. Bei Kartonverpackung stürzen die Stapel leicht ein, daher höchstens 1 t/qm. Sackware (Pflaumen) höchstens 4—5 Sack hoch, je nach Qualität.

Puddingpulver.

Hauptveränderungen. Puddingpulver sind Gemische von Stärkemehlen (Mais-, Weizen-, Reis-, Kartoffelstärkespeisemehl) mit Gewürzen oder natürlichen bzw. künstlichen Aromen und Farbstoffen. Gelegentlich Zutaten wie Kakao, Schokolade, Mandeln, Nüsse, Rosinen, Sojamehl und dgl. Bei feuchter Lagerung (normaler Wassergehalt etwa 15%, entsprechend einem Wassergehalt der Maisstärke von 13—15%, der Reisstärke von 10—14%, der Weizenstärke von 10—15%, des Kartoffelspeisemehls von 18—20%) besteht Gefahr des Auftretens eines modrigen, muffigen Geruchs und schließlich von Befall durch Schimmelpilze. Kartoffelpuder ist wesentlich lagerbeständiger als Maispuder. Das meist nur in Spuren vorhandene Maiskeimöl kann ranzig werden und verursacht dann einen kratzenden bitteren Geschmack. Befall durch tierische Schädlinge, ausgenommen Ratten und Mäuse, ist wenig zu befürchten, auch nicht bei Grießzusatz. Stärkemehle absorbieren leicht und anhaltend Fremdgerüche. Vanillinartige Aromastoffe bleiben gut erhalten, während das zur Erzielung des Mandelgeschmacks verwendete Benzaldehyd oxydiert wird. Die zur Herstellung der Feinkostpuddinge verwendeten Zusätze wie Mandeln, Nüsse, welche ranzig werden, engen ebenfalls die Haltbarkeit des Erzeugnisses ein, wenn auch infolge eines gewissen Luftabschlusses die Haltbarkeit dieser Zutaten gegenüber offener Lagerung verbessert wird.

Verpackung. In pergamingefütterten Papierbeuteln, welche in Kartons aus Lederpappe verpackt sind. Günstiger wäre bei feuchtem Klima die Verwendung von Blechverpackungen oder von weitgehend dampfdicht lackierten Hartpapierkartons oder von Beuteln aus dampfdichterem Papier, als es Pergamin ist. Für die Tropen Verwendung von Doppel-Papierbeuteln, die in verlötete Blecheinsätze kommen, diese in Kisten.

Lagerung. Puddingpulver ist möglichst bei einer Temperatur von +8 bis 15° und einer relativen Feuchtigkeit von 40—50% aufzubewahren. Bei kürzerer Lagerzeit können auch noch 60% zugelassen werden. Es darf nur in sauberen, gut gelüfteten Lagerräumen bei konstanter Temperatur (vgl. hierzu Getreide und Mehl) gelagert werden. Mäuse und Ratten müssen ferngehalten werden.

Haltbarkeit. Noch zulässige Haltbarkeitszeit (ausgenommen Puddingpulver mit Mandelgeschmack, mit Nüssen oder Mandeln) bei kühler und trockener Lagerung 6—9 Monate. Vanille-Puddingpulver höchstens 2 Jahre.

Stapelfähigkeit. Etwa 1—1,2 t/qm.

Salz.

Hauptveränderungen. Ebenso wie bei Zucker durch Aufnahme von Wasser. Üblicher Wassergehalt (0,05 bis) 0,3%. Feinkörniges Salz neigt stärker zur Feuchtigkeitsaufnahme und damit zum Hartwerden als grobkörniges. Spuren von $CaCl_2$ und $MgCl_2$ begünstigen die Wasseranziehung. Bei längerer, insbesondere loser Lagerung, verfärbt sich Salz infolge der darin noch enthaltenen Eisenverbindungen. Bei Feuchtwerden des Salzes haftet Staub gut und es verschmutzt.

Verpackung. Mollino-, Jute- und Papiergewebesäcke zu 50 kg Inhalt und Kartons zu $^1/_2$ kg. Papiersäcke zerreißen leicht, insbesondere bei Feuchtwerden des Salzes und sind daher ungeeignet. Jute- und

Papiergewebesäcke sind für feinkörniges Salz zu grobmaschig. Für Seetransport Gewebesack mit Innensack aus Papier.

Lagerung. Temperatur sekundär, doch keine höhere relative Feuchtigkeit als 75%. Keller sind nicht geeignet. Lagerung der Säcke auf Rosten, nicht an Außenmauern anlehnend. Loses Salz darf nicht zu hoch aufgeschichtet werden, da sonst die unteren Partien bis zu $^1/_2$ m zu feucht werden und bei Überschreitung eines Wassergehaltes von 7% als Speisesalz nicht mehr geeignet sind. Gelegentliche Umstapelung.

Haltbarkeit. Grobkörniges Siedesalz in Mollino- oder Jutesäcken 2—3 Monate, lose gelagert 3—4 Monate je nach Klima und Jahreszeit.

Feinkörniges Siedesalz bildet etwas härtere Klumpen; Haltbarkeit in Kartons etwa 2 Monate.

Steinsalz neigt weniger zum Zusammenbacken.

Stapelfähigkeit. 1,8 m hoch (10 Säcke zu 50 kg) etwa 1,3 t/qm, je nach Tragfähigkeit sind aber bis zu 5 t/qm zulässig.

Senf.

Hauptveränderungen. Senf trocknet im Lauf der Lagerung ein und verliert den für seinen Geschmack charakteristischen Gehalt an Allyl-Senföl. Hierdurch wird er immer milder und schließlich geschmacklos, wodurch gleichzeitig die Schutzwirkung gegen die Entwicklung von Verderbniserregern abnimmt. Verderb kann durch Mikroorganismen, insbesondere durch Schimmelpilze und durch Fliegenlarven hervorgerufen werden; in dieser Beziehung sind besonders angetrocknete Ränder und Stellen gefährdet.

Einfluß der Herstellung. Die Haltbarkeit des Senfs ist wesentlich durch die Verwendung gesunder, scharfer Senfsaaten mitbedingt. Sorgfältige Herstellung und sorgfältige Reinigung der Lager- und Versandgefäße ist besonders wichtig. Kommt bei der Herstellung tierisches Eiweiß (Ungeziefer aus dem Saatgut) in den Senf, so wird er besonders leicht verderblich.

Verpackung. Goldvernierte Weißblecheimer bzw. -dosen, Emaileimer, Porzellan- oder Steingutbehälter, Glasgefäße. Bei Schwarzblechgefäßen mit ungeeigneter Lackierung ist besonders die Wandung im Luftraum über der Oberfläche dem Angriff von Essigsäure und Allyl-Senföl im gasförmigen Zustand ausgesetzt; dadurch bilden sich Krusten von Eisenazetat, die in den Inhalt hineinfallen. Für kurze Lagerzeiten kommen kombinierte Packungen, bestehend aus Papprumpf mit Boden und Deckel aus Blech mit Speziallacken, in Betracht. Stets ist es günstig, bei der Lagerung die freie Oberfläche klein zu halten und am besten aus Abfüllapparaten vor dem Verbrauch abzufüllen. Außerdem muß Senf abgedeckt werden, um Fliegengelege abzuhalten.

Lagerung. Senf soll bei möglichst tiefer Temperatur gelagert werden, da hierdurch die Verdunstung wie auch die Aufspaltung des Senföles verlangsamt wird. Gefrieren schadet dem Senf nicht, nach dem Auftauen muß er lediglich verrührt werden. Vertrockneter Senf kann durch

Verrühren mit 5prozentigem Weinessig wieder aufgefrischt werden. In nicht lichtdichten Gefäßen muß Senf dunkel gelagert werden. Die relative Feuchtigkeit soll nicht zu hoch (Mikroorganismen) und nicht zu niedrig (Verdunstung) sein. 70—80% dürfte zweckmäßig sein.

Haltbarkeit. In luftdicht verschlossenen Dosen bis zu 2 Jahren. In nicht luftdichten Behältern 2—3 Monate, bei Kaltlagerung bis zu 6 Monaten. In kleinen Pappbechern 1 Monat.

Je Quadratmeter lassen sich etwa 500 kg stapeln.

Sollen größere Vorräte längere Zeiträume gespeichert werden, so ist es zweckmäßiger, an Stelle von Senf Senfsaat zu lagern.

Tabakwaren.

Hauptveränderungen. Bei zu feuchter Lagerung Muffigwerden und Schimmelpilzwachstum, gegebenenfalls Wärmebildung. Weiterhin Befall durch Mehlkäfer, Diebkäfer, Speckkäfer und Heumotte. Bei zu trockener Lagerung Verlust an Aroma, Strohigwerden von Rauchtabak, Zigarren und Zigaretten, außerdem rauchen sich Zigaretten und Zigarren bei zu hoher Glutzone zu schnell auf und zeigen einen bitteren, bei Rauchtabaken beißenden Geschmack. Auch bei aromadichter Verpackung bei längerer Lagerung Verlust an Aroma.

Häufig sind Transportschäden durch Nässe, nicht selten bei Zigarren und Zigaretten Beschädigungen durch Werfen und ungeschicktes Verladen. Packungen mit äußerlich erkennbarer Feuchtigkeitseinwirkung müssen ebenso wie beschädigte Packungen sofort ausgeschieden werden.

Verpackung. Zigaretten und Rauchtabak am besten in wasserdampf- und aromadichter Verpackung mit gutem Verschluß, wie z. B. kaschierte Metallfolie, wetterfestes Zellglas, gewachstes Einschlagpapier. Für die Tropen Zigaretten evakuiert, Zigarren und Rauchtabak nicht evakuiert, in Blechdosen eingelötet. Brasilzigarren am besten in Blechpackungen, Sumatrazigarren am besten in Zedernholzkisten.

Günstigstes Lagerklima. Temperaturen möglichst unter 20° halten, im Mittel bei 16 bis 18°. Günstigste relative Feuchtigkeit 50—60%. Während der Heizperiode Wasserverdunster auf Heizkörper aufstellen. Bei trockenem Wetter häufiger für Durchzug sorgen, an heißen Sommertagen jedoch nur früh und abends durchlüften.

Spezielle Lagervorschriften. Keine Lagerung in der Nähe von Heizquellen oder in Räumen, unter welchen sich Heizanlagen befinden. Gegebenenfalls Heizkörper mit Strahlungsschutz versehen. Boden- und Kellerräume sind für die Lagerung ungeeignet. Möglichst Lagerung in Regalen, notfalls am Boden unter Verwendung von Stapellatten oder besser von hohen Holzrosten. Niemals unmittelbar auf dem Fußboden lagern. Um gute Durchlüftung zu erreichen, im Kreuz oder in schmalen langen Blocks in Richtung der Durchlüftung stapeln. Abstand von den Wänden halten, insbesondere von den Außenwänden. Tabakwaren vor direkter Sonnenbestrahlung durch Farbanstrich der Fenster, Vorhänge oder dgl. schützen. Grundsätzlich sollen Tabakwaren in getrennten Räumen aufbewahrt werden; keinesfalls dürfen sie mit stark riechenden

Waren (Benzin, Petroleum, Lacke, Farben, Drogen, Gewürzen, Lederwaren und dgl.) zusammenlagern.

Lagerungsfähigkeit. Da beim Verpacken im richtigen Feuchtigkeitszustand und bei trockener und kühler Lagerung Aromaverluste die Hauptschädigung bilden, ist die Lagerungsfähigkeit um so besser, eine um so dampfdichtere Verpackung gewählt wurde. Diese ist besonders gut bei Verpackung in Blech, Glas, keramischem Material mit dampfdichten Verschlüssen und bei Verwendung von wasserdampfdichtem, geruchlosem Papier.

Lagerungsfähigkeit bei einigermaßen konstantem Raumklima: Übliche Lagerdauer für Zigaretten bis 4 Wochen, höchstens 6—8 Wochen; in luftdichter Blechverpackung höchstens 8 Monate; im Vakuum länger. Rauchtabak bei normaler Einlagerung 4 Wochen, höchstens 6 bis 8 Wochen. Zigarren, Zigarillos und Stumpen 1—$1^1/_2$ Jahre; bis zu $^1/_2$ Jahr findet eine „Nachreifung" statt. Schnupftabak und Kautabak 2—3 Monate.

Raumbedarf. Zigaretten am besten in Hartkartons oder Kisten. Bei Blockstapelung nicht über 2 m hoch: etwa 150000 Stück/qm. Bei Kreuzstapelung höchstens 2,50 m hoch: etwa 200000 Stück/qm.

Zigaretten ohne Umkarton (in einzelnen Gebinden). 8—10 Pakete hoch: etwa 120000 Stück/qm. Bei Lagerung in Regalen: etwa 240000 Stück/qm.

Zigarren etwa 20000 Stück/qm.

Rauchtabak 2 m hoch, etwa 300 kg/qm.

Echter Tee und deutscher Tee.

Hauptveränderungen. Bei allen Teesorten Aromaverlust, bei feinen Sorten rascher, schließlich heuartiger Beigeschmack. Bei deutschem Tee tierische Schädlinge; Gärung und Schimmelpilzbildung bei zu hohen Feuchtigkeitsgraden und bei dichter Stapelung. Echter Tee wird durch tierische Schädlinge nicht angegriffen. Tee ist gegen Fremdgerüche empfindlich, selbst gegen Geruch von Rohkaffee, deutschem Tee und dgl.

Bei der Zubereitung von Tee darf Wasser, das bereits gekocht hat, abgekühlt und neu zum Kochen gebracht wurde, nicht verwendet werden, da er sonst einen heuartigen Geschmack bekommt.

Verpackung. *Echter Tee* in Sperrholzkisten mit Eisenblechkanten mit luftdichter Zinn-, Blei- oder Aluminiumfolie, häufig Bastumhüllung. Kisten zu 12—50 kg. Luftdichte Blechpackung ist günstiger. Kisten stets verschlossen halten.

Preßtee ergiebiger als Blattee, da durch Mahlen aufgeschlossen. In Pergamentersatzpapier oder besser in wetterfestem Zellglas, Außenpackung Kiste oder Wellpappekarton.

Deutscher Tee in großen Säcken oder in Kartons mit Zellulosepapiereinlage. Diese Verpackungen eignen sich für eine Dauerlagerung nicht (der Tee wird feucht und fermentiert); besser sind Hartpapierverpackungen mit wasserdampfdichter Lackierung oder Kartons mit wasserdampfdichten, heiß versiegelbaren Einsatzbeuteln oder als gemahlener Preßtee ungesiegelt.

Lagerung. Bei nicht dampfdichter Verpackung soll die Lagerung bei niedriger relativer Feuchtigkeit unter 70% erfolgen. Kühle Lagerung ist bei sehr langer Aufbewahrung von echtem Tee empfehlenswert. Öffnung der luftdichten Packung (Blechpackung) zur Vermeidung von Feuchtigkeitsniederschlag dabei erst nach dem Aufwärmen auf Umgebungstemperatur bzw. deren Taupunkt. In geheizten Räumen darf echter Tee nicht gelagert werden, da sonst Aroma- und Gewichtsverluste.

Haltbarkeit. Echter Tee in Originalkisten oder in Blechpackungen ohne wesentliche Aromaeinbuße bis zu 2 Jahren.

Im Kaltlagerraum in Blechpackung mehrere Jahre.

Preßtee mehrere Jahre.

Deutscher Tee (Verbrauch vor der wärmeren Jahreszeit) 6 Monate.

Stapelfähigkeit. Echter Tee in Originalpackung zu etwa 50 kg je nach Kistenstärke bis zu 2,4 m hoch 0,84 t/qm.

Preßtee 2 m Stapelhöhe.

Deutscher Tee in Säcken zu 25 kg 1,5 m hoch, etwa 0,3 t/qm.

Teigwaren

(Eierteigware und Wasserware).

Hauptveränderungen. Temperaturbeeinflussung gering, deshalb Lagerung auch in Räumen mit höheren Temperaturen zulässig, allerdings direkte Sonnenbestrahlung vermeiden, da hierdurch starke Brüchigkeit. Bei warmer Lagerung häufiger Befall durch tierische Schädlinge, insbesondere durch Brotkäfer, Diebkäfer, Kornkäfer, Mehlmotte, Mehlmilben, Reiskäfer, Leistenplattkopfkäfer, Dörrobstmotte sowie Mäusefraß. Bei feuchter Lagerung modriger Geruch und Geschmack und schließlich sichtbare Schimmelpilzbildung. Mittlerer Wassergehalt 10 bis 13%. Beim Transport feucht gewordene Ware darf nicht weitergelagert werden. Bei Eierteigware Rückgang an Lezithinphosphorsäure, insbesondere bei höherem Wassergehalt. Da Teigwaren Gerüche aufnehmen, dürfen sie nicht neben Waren mit starkem Geruch gelagert werden. Krümligwerden bzw. Bruch durch mangelhafte Sorgfalt beim Transport, durch ungeeignete Verpackung und durch zu hohe Stapelung.

Verpackung. Größere Mengen in Kisten, Kartons bzw. in Papiersäcken. Kleinere Mengen in Kartons oder in Beuteln aus wetterfestem Zellglas (letzteres nicht unbedingt erforderlich). Die Festigkeit der Papiersäcke und Kartons ist gering, bei Versand auf dem Seeweg empfiehlt sich die Verwendung mindestens von Papiergewebesäcken, besser von Jutesäcken. Bei Verwendung von Kartons und bei längeren Transportwegen soll das Nettogewicht aus Festigkeitsgründen nur 10 kg betragen; Kistenverpackung ist bei stärkerer Beanspruchung am günstigsten. Bei Tropentransporten sind gewebte Doppelsäcke oder mit wasserdichtem Papier ausgelegte Kisten zu verwenden.

Lagerungsfähigkeit. Relative Feuchtigkeit möglichst nicht über 70%, Kellerräume sind deshalb ungeeignet.

Haltbarkeit bei gleichmäßiger Lagertemperatur 1—$1^1/_2$ Jahre, unter günstigen Bedingungen auch 2 Jahre.

Starke Temperatur- und damit auch Feuchtigkeitsschwankungen beeinflussen die Haltbarkeit und die Kochfestigkeit ungünstig (vgl. Getreide und Mehl).

Stapelfähigkeit. Nudeln in 10—15 kg-Kartons, 2—2,3 m hoch, etwa 0,32 t/qm.

Nudeln in Säcken zu 10 kg 1,7 m = 8 Säcke (nicht höher lagern) 0,2 t/qm.

Suppeneinlagen in 15 kg-Kartons, 2 m hoch, 0,66 t/qm.

Wein[1].

Hauptveränderungen. Aufgabe des Weinfachmannes ist es, die Berührung des Jungweines mit dem Sauerstoff der Luft so zu regeln, daß sich der Ausbau des Weines normal vollzieht. Dies erfordert sehr viel Erfahrung und Fachkenntnisse. Fertig ausgebaute Weine auf Fässern und in Flaschen sind vor jedem unnötigen Luftzutritt auf das sorgfältigste zu schützen. Luftzutritt führt vor allem bei leichteren Weißweinen (Moselweinen!) zu einem Verlust an Frische, Aromaeinbußen und Trübungen oder Verfärbungen (brauner Bruch). Weiterhin darf der Wein nicht mit blanken oder gar rostigen Eisenteilen, mit Kupfer und Zink (giftig!) in Berührung kommen, weil diese Metalle von den Säuren im Wein gelöst werden und diesem einen metallischen Geschmack verleihen oder zu Trübungen führen können (schwarzer und weißer Bruch durch Eisen). Schließlich ist auf peinlichste Sauberkeit aller Geräte, die mit dem Wein in Berührung kommen, zu achten. Bei zu frühem Abfüllen auf Flaschen Hefetrübungen, die auf das Vorhandensein von noch unvergorenem Zucker zurückzuführen sind, und Ausscheidungen von Weinstein in Kristallen. Letzteres auch bei starken Temperaturschwankungen (Unlöslichwerden der Weinsteinverbindung in der Kälte). Weinsteinausscheidungen sind nur Schönheitsfehler, Hefetrübungen führen zur Qualitätseinbuße, oft ist Rückfüllung in das Faß notwendig. Im Interesse der Erhaltung des Weines ist bei Auftreten von Trübungen die Beiziehung eines Weinfachmannes erforderlich.

Die Nähe stark riechender Waren fügt dem Wein starken Schaden zu.

Auskunftsstellen: In Zweifelsfällen, in denen größere Mengen Wein gefährdet sind, wende man sich an eine der zuständigen Fachstellen, z. B. eine der staatlichen Forschungsanstalten für Weinbau in Geisenheim am Rhein, Freiburg i. Br., Neustadt a. H. oder Klosterneuburg bei Wien.

Bei folgenden Temperaturen haben die Weine den besten Geschmack: Schaumweine 4 bis 6°, Spirituosen, Liköre 7 bis 9°, Weißweine 11°, deutsche und Tiroler Rotweine 14 bis 15°, schwere Rotweine und Süßweine 18 bis 19°.

[1] NESSLER, VON DER HEIDE u. KROEMER, Die Bereitung, Pflege und Untersuchung des Weines, 9. Aufl. Stuttgart: E. Ulmer 1930.

Lagerung. Günstigste Lagertemperatur für Weißweine +7 bis 12°, am besten +8 bis 10°, für Rot- und Südweine +12 bis 14°. Zur Vermeidung von Verdunstungsverlusten müssen insbesondere Lagerräume für Faßweine feucht gehalten werden. Die Temperaturschwankungen sollen möglichst gering sein, weil bei sinkender Temperatur Luft eingesaugt und damit die Entwicklung von Kahm bzw. von Essigbakterien gefördert wird. Das Gefrieren kann — abgesehen vom Bersten der Flaschen — qualitativ nachteilig sein. Das Auftauen muß langsam im kühlen Keller erfolgen; wobei die Flaschen aufrecht stehen sollen. Französischer Rotwein scheint durch das Gefrieren nicht besonders stark in der Blume zu leiden.

Vorratspflege. Da jede Luftberührung Trübungen und Qualitätsverschlechterungen hervorruft, muß bei Faßweinen der Schwundverlust je nach Temperatur und Trockenheitsgrade alle 1—4 Wochen mit artgleichem, gesundem Wein (spundvoll) ersetzt werden. Aus dem gleichen Grund dürfen Fässer nicht länger als 1—2 Wochen im Anbruch liegen und müssen Flaschen bis knapp unter den unteren Korkrand gefüllt werden. Versandfässer müssen einen kleinen Luftraum haben, damit bei einer Ausdehnung bei Erwärmung nicht die Spunde gelockert werden.

Faßlagerung. Der Leerraum der im Anbruch liegenden Fässer muß mit nichttropfendem Schwefel eingebrannt werden, am besten füllt man den Inhalt auf einmal an einem Tag in Flaschen ab. Das volle Faß muß so festgelegt werden, daß das Spundloch senkrecht nach oben und das Zapfloch vorn nach unten zeigt, außerdem ist es so hoch anzubringen, daß unterhalb des Zapfloches Flaschen angesetzt werden können. Die Fässer werden am besten auf 2 Längsbalken mit 4 Keilen so festgelegt, daß sie nicht schwanken. Zweckmäßig ist, die Fässer etwas spundschief zu legen, damit der Spund dauernd im Wein liegt und nicht eintrocknen kann. Bei feuchten Lagerräumen und jahrelanger Lagerung ist schließlich darauf zu achten, daß die Faßreifen durch Rost nicht zu stark angegriffen werden, wodurch sie reißen. Vor dem Abfüllen muß der Wein mindestens 2 Wochen ruhig lagern. Die Flaschen müssen unmittelbar vor dem Abfüllen sauber gespült und der Zapfkran sorgfältig gereinigt werden.

Flaschenlagerung. Flaschenweine müssen liegend aufbewahrt werden, damit der Korken feucht bleibt, andernfalls sind sie dem Verderb ausgesetzt, weil infolge der Austrocknung des Korkens Luft eindringt. Bei stehender Lagerung bildet sich auf dem Wein Kahm in Form von Häutchen. Luftraum nicht über 5 mm Höhe. Leichte Weinsteinausscheidungen bei Süß- und Rotweinen sind belanglos.

Behandlung des Leermaterials. Nach Entleerung müssen die Fässer sofort mehrmals gründlich mit reinem Wasser ausgespült, eingeschwefelt (3—5 g Schwefel je 100 l) und dann dicht verschlossen werden. Schimmlige Fässer sind unbrauchbar. Der Einbrand muß alle 2—4 Monate mit geringeren Schwefelmengen wiederholt werden. Die Fässer müssen in einem kühlen, nicht zu trockenen Raum (Vermeidung von Rissen) aufbewahrt werden. Korken müssen luftig, nicht zu feucht gelagert werden und sind vor dem Gebrauch 12 Stunden in kaltem Wasser unter mehrmaligem Wasserwechsel einzuweichen. Für längere Lagerung von Flaschenweinen empfiehlt sich ein Überziehen der Korken mit einer Mischung aus 3 Teilen Paraffin und 1 Teil Bienenwachs oder einer anderen geeigneten, nicht zu spröden Masse.

Haltbarkeit. Sie richtet sich nach der Qualität. Gute Faßweine, die vierteljährlich nachgeschwefelt werden, halten 1—2 Jahre; Rotweine, namentlich ausländische, sind länger haltbar. Die Weine müssen monatlich durch einen Fachmann geprobt werden, ob sie sich weiter entwickeln oder eine Störung im Geschmack aufweisen. Flaschenweine halten mehrere Jahre. Nur Weine mit hohem Alkoholgehalt sind weniger empfindlich.

Ergänzung: Obst- und Beerenweine[1].

Infolge ihres geringen Säure- und Alkoholgehaltes neigen die leichten Apfel- und Birnenweine besonders stark zu allerlei Fehlern und Krankheiten wie schwarzem Bruch, Essig- und Milchsäurestich und Kahmigwerden. Sie müssen deshalb, auch um ihre Frische zu erhalten, besonders sorgfältig vor Luftzutritt und Berührung mit Eisenteilen geschützt werden; sehr empfehlenswert ist die Verwendung innen luftdicht imprägnierter Lagerfässer (z. B. Mammut-Ventur der chemischen Werke Marienfelde-Berlin). Gär- und Lagertemperatur lieber zu niedrig als zu hoch.

Die schweren, alkoholreichen und zuckerhaltigen Dessertweine aus Beeren, Kirschen und Hagebutten, seltener aus Äpfeln hergestellt, sind viel weniger empfindlich und brauchen zum Ausbau eine gewisse, fachmännisch durchgeführte Berührung mit Luft. Während Obstweine zweckmäßigerweise nicht zu lange lagern sollen, erlangen Beeren-, Kirsch- und Hagebuttenweine unter Umständen erst nach mehrjähriger Lagerung eine harmonische Abrundung im Geschmack. Zum Ausbau solcher Weine sind nicht zu große Holzfässer geeignet; nach erlangter Reife können sie in Flaschen oder dgl. abgefüllt werden. Zur Vermeidung eines Qualitätsabfalles, insbesondere der empfindlichen Obstweine, dienen die gleichen Vorkehrungen wie beim Traubenwein: Gesundes Ausgangsmaterial, spundvolle Fässer, liegende Lagerung der Flaschen, Vermeidung jeder Eisenberührung, keine Verwendung neuer Fässer und dgl., Lagerung von Beeren-, Kirsch- und Hagebuttenweinen bei +8 bis 10°, Obstweine etwas tiefer, Heidelbeerwein +15°. Auf Flaschen abgefüllte Weine müssen völlig ausgebaut sein und dürfen keinen unvergorenen Zucker mehr enthalten; süße Weine müssen durch hohen Alkoholgehalt, Pasteurisieren oder Entkeimen vor einer Nachgärung geschützt sein. Verwendung von Flaschenabfüllfiltern, Abfüllhähnen mit langen Auslaufröhren.

Die Lagerpflege erstreckt sich auf Sauberhalten des Raumes, der Fässer und der mit dem Wein in Berührung stehenden Gegenstände vor Schimmelpilzen und vor Rost. Obstweine sollen möglichst nicht im

[1] KROEMER, K., u. G. KRUMBHOLZ, Obst- und Beerenweine. Braunschweig 1932.

Anbruch stehen; läßt sich dies nicht vermeiden, so bietet das Ausschwefeln der Faßluft oder die Verbindung mit einer Kohlensäureflasche einen gewissen Schutz.

Dessertweine sind wegen ihres höheren Alkoholgehaltes (über 13%) jahrelang haltbar. Gut ausgebauter Apfelwein ist 1 Jahr haltbar, bei Birnenweinen mit geringem Alkohol- und Säuregehalt empfiehlt sich eine mehrere Monate überschreitende Lagerung nicht.

Stapelfähigkeit. In Flaschen 1,4 m hoch, etwa 700—750 l/qm. In Fässern in einer Lage etwa 300 l/qm.

Zucker.

Hauptveränderungen. Nur durch Feuchtigkeit; hierdurch bei gemahlenem Zucker Zusammenballen und Klumpenbildung, mit zunehmendem Feinheitsgrad (Puderzucker) verstärkt. Normaler Wassergehalt schwankt zwischen 0,1 und 0,7%.

Bei stärkerer Durchnässung Veränderung durch Tätigkeit von Bakterien und Hefen (übelriechend, unappetitlich) und Bildung von Invertzucker. Verschmutzung der Umhüllung und der Randschichten durch Staub. Feuchter Zucker wird durch die Stubenfliege beschmutzt; Befall durch Wespen, Ameisen, Silberfischchen.

Verpackung. Jutesäcke, Kartons oder Holzkisten. Puderzucker auch in Stoffbeuteln. Für Seetransport (Tropen) in Papiersack, der außen von einem Jutesack umgeben ist; Würfelzucker in Jutesäcken oder ersatzweise ohne diese in mit wasserdichtem Papier ausgeschlagenen Kisten oder in Kisten mit Blecheinsätzen.

Lagerung. Die relative Feuchtigkeit des Lagerraumes darf nicht über 65% ansteigen, besser wird sie noch etwas tiefer gewählt. Die Lagertemperatur ist sekundär, soll aber nicht über 30° liegen. Wichtiger ist die Vermeidung von größeren Temperaturunterschieden zwischen Lagergut und Luft, insbesondere im Frühjahr besteht Gefahr, daß warme Luft an die sich nur langsam anwärmenden Stapel gelangt und dort Feuchtigkeit abgibt. Deshalb muß bei der Lüftung darauf geachtet werden, daß der Taupunkt der Luft mit Bestimmtheit unter der Zuckertemperatur liegt (SEIDELsche Belüftungstabellen oder Abb. 4). Praktisch wird dies durch Beheizung des Lagerraumes erreicht. Stapelung der Säcke auf Lattenrosten und nicht an Außenmauern. Der Lagerraum muß sauber, geruchlos und frei von Ratten und Mäusen sein. Bei Klumpenbildung trocknen und zerkleinern.

Haltbarkeit. Theoretisch unbegrenzt, wenn trockene Ware trocken und staubfrei lagert. Puderzucker soll möglichst nicht, anderer Zucker praktisch nicht länger als 2 Jahre gelagert werden.

Stapelfähigkeit. Im Stapel 50 Sack hoch, wobei der Stapel alle 6 Lagen um 15 cm zurückgelegt werden muß, etwa 8,5 t/qm. In Kisten oder Kartons etwa 3 t/qm.

Zuckerwaren

Hart- und Weichkaramellen (Toffees), Komprimate (Drops), Dragees, Fondant, kandierte Früchte, Kunsthonig.

Hauptveränderungen. Aufnahme von Wasser bei unzureichender Verpackung und feuchter Lagerung. Insbesondere Hartkaramellbonbons, Weichbonbons und Drops haben Neigung, Feuchtigkeit anzuziehen und dadurch weich, klebrig und matt zu werden. Auch Kunsthonig zieht Feuchtigkeit an. Bonbons mit Fruchtsäuren wie saure Drops, Eisbonbons und dgl. neigen bei Zutritt von Feuchtigkeit zu einer nachträglichen Invertierung der darin enthaltenen Saccharose. Bei anderen Hartbonbons kann die Saccharose (bei Zutritt von Feuchtigkeit beschleunigt) auskristallisieren, und die glasige Beschaffenheit geht dabei in eine körnige und gleichzeitig mürbe Struktur über (Absterben). Damit geht ein schlechtes Ablösen des Wickelpapiers, insbesondere bei Fehlen von Fett, Hand in Hand.

Das Verhärten von Fondants, Fruchtpasten und dgl. ist anderseits auf einen Wasserverlust zurückzuführen.

Bei Bonbons mit Milch- und Fettzusatz besteht die Gefahr des Ranzigwerdens. Auch Bonbons mit Absuden und Essenzen (Hustenbonbons) können sich zersetzen.

Bei zu hoher Lagertemperatur (25 bis 35°) werden die Zuckerwaren weich. Das Weichwerden von Kunsthonig hängt außer von der Feuchtigkeit der Umgebung wesentlich davon ab, wie weit die Inversion getrieben wurde; gut invertierter Kunsthonig kann längere Zeit gegebenenfalls auch noch bei 35° aufbewahrt werden, ohne daß sich seine feste Konsistenz wesentlich ändert.

Bei Pfefferminz-Drops in Rollen lassen sich Aromaverluste beobachten, womit andere geruchsempfindliche Lebensmittel gefährdet werden. Zuckerwaren sind aber wegen ihrer Hygroskopizität ihrerseits gegen wasserlösliche fremde Geruchstoffe empfindlich.

Die Gefährdung durch tierische Schädlinge ist gering, bei ungenügender Verpackung ist ein Befall durch Ameisen, Wespen und Fliegen möglich.

Verpackung. Bonbons und Dragees werden am besten einzeln in Wachspapier eingewickelt und kommen dann in Hartkartons oder in Kisten. Unverpackte Bonbons in Gläsern mit eingeschliffenem Stopfen, die aber nicht immer feuchtigkeitsdicht sind. Drops in Rollen aus wetterfestem Zellglas, bei Pfefferminzdrops außerdem Aluminiumfolie, dann in Umkartons. Fondants in kleine Faltschachteln. Kandierte Früchte in Zellglasfaltschachteln oder Pappschachteln. Kunsthonig in gewachsten Bechern, insbesondere bei Verarbeitung mit Sirup bzw. ungenügender Invertierung, weiterhin in würfelförmigen Faltschachteln in Pergamentersatzpapier eingewickelt, ferner in goldlackierten Eimern oder in Holzkübeln oder in Pappebehältern zu 12,5 kg mit Pergaminbeuteleinlage.

Lagerung. Temperatur nicht über 20°, mittlere relative Feuchtigkeit bei nicht völlig dampfdichter Verpackung möglichst 50%, höchstens

60%, Hartkaramellen und Drops können auch bei etwas tieferer, Fondants und Fruchtpasten bei etwas höherer relativer Feuchtigkeit gelagert werden. Die Packungen dürfen weder in unmittelbarer Nähe von kalten Außenwänden lagern noch ohne Zwischenlage eines Lattenrostes auf Betonfußböden aufgesetzt werden. Süßwaren dürfen nicht den Sonnenstrahlen ausgesetzt werden und nicht in der Nähe von Heizkörpern lagern.

Haltbarkeit. Die Lagerungsfähigkeit wird weitgehend durch die Wasserdampfdichtheit der Verpackung bzw. vom Klima bestimmt.

Hartkaramellen in gewickeltem Zustand sowie Dragees und Komprimate (Drops) 6—12 Monate. In verlöteten Blechbehältern mehrere Jahre.

Saure Drops, Hustendrops und Bonbons mit Milch- oder Fettzusatz sowie Fondants und Toffees (Weichbonbons) 3—6 Monate.

Kunsthonig mehrere Jahre.

Stapelfähigkeit. *Bonbons* lose in Pappkartons zu 6 kg bei 1,3 m Höhe 0,62 t/qm, in Beuteln und Pappkartons 1,8 m Höhe 0,7 t/qm.

Drops in Rollen in Kartons 1,5 m Höhe 0,8—1 t/qm.

Kunsthonig in Paraffinbechern und Wellpappekartons 1,4 m hoch 0,75 t/qm, in Eimern zu 12,5 kg und in 1,8 m Höhe 1,5 t/qm, in Würfeln zu 0,5 kg und Kartons nicht höher als 1,5 m 1,2 t/qm.

Sachverzeichnis.

GPSR Compliance

The European Union's (EU) General Product Safety Regulation (GPSR) is a set of rules that requires consumer products to be safe and our obligations to ensure this.

If you have any concerns about our products, you can contact us on ProductSafety@springernature.com

In case Publisher is established outside the EU, the EU authorized representative is:

Springer Nature Customer Service Center GmbH
Europaplatz 3
69115 Heidelberg, Germany

Batch number: 10682323

Printed by Printforce, the Netherlands